学做 10分钟 一菜一汤

10分钟系列

甘智荣 主编

U0388201

黑龙江科学技术出版社
HEILONGJIANG SCIENCE AND TECHNOLOGY PRESS

图书在版编目（CIP）数据

10分钟学做一菜一汤 / 甘智荣主编 . -- 哈尔滨：
黑龙江科学技术出版社，2018.10
（10分钟系列）
ISBN 978-7-5388-9803-3

Ⅰ . ① 1… Ⅱ . ①甘… Ⅲ . ①汤菜－菜谱 Ⅳ .
① TS972.122

中国版本图书馆 CIP 数据核字 (2018) 第 122516 号

10 分 钟 学 做 一 菜 一 汤

10 FENZHONG XUE ZUO YI CAI YI TANG

作　　者	甘智荣
项目总监	薛方闻
责任编辑	马远洋
策　　划	深圳市金版文化发展股份有限公司
封面设计	深圳市金版文化发展股份有限公司
出　　版	黑龙江科学技术出版社

地址：哈尔滨市南岗区公安街 70-2 号　邮编：150007
电话：（0451）53642106　传真：（0451）53642143
网址：www.lkcbs.cn

发　　行	全国新华书店
印　　刷	深圳市雅佳图印刷有限公司
开　　本	723 mm × 1020 mm　1/16
印　　张	10
字　　数	120 千字
版　　次	2018 年 10 月第 1 版
印　　次	2018 年 10 月第 1 次印刷
书　　号	ISBN 978-7-5388-9803-3
定　　价	39.80 元

Contents

一菜一汤，营养健康！

Chapter 1
快速做出可口美味菜肴的秘诀

Chapter 2
爱上蔬菜好味道，肉食者也可大满足

Chapter 3
满满的豆香味，让人惊叹的好料理

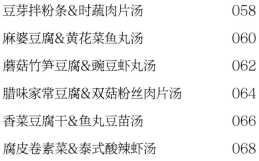

Chapter 4
吃肉很解馋，越吃越上瘾

Chapter 5
江河湖海，鲜得停不下来

Chapter 1

快速做出
可口美味菜肴的秘诀

如今快节奏的生活方式，
两点一线的生活模式，
让越来越多的人留恋于便捷的餐馆。
其实，自己在家，
也可以快速做出一菜一汤。
今天，走进厨房，为自己、为家人，
快速地做出健康营养的一汤一菜吧！

选购攻略，新鲜食材巧采购

市面上的食材五花八门，同一种食材也是千差万别的。那么，你知道如何挑选到好的食材吗？

白菜

叶子带光泽，且颇具重量感的白菜才新鲜。切开的白菜，切口白嫩表示新鲜度良好。切开时间久的白菜，切口会呈茶色，要特别注意。

生菜

购买生菜时应挑选叶子肥厚、叶质鲜嫩、无蔫叶、无干叶、无虫害、无病斑、大小适中的。

菠菜

挑选菠菜时，菜叶无黄色斑点，根部呈浅红色的为上品。

香菜

选购时应挑选苗壮、叶肥、新鲜、长短适中、香气浓郁、无黄叶、无虫害的。

红薯

要优先挑选纺锤形状、表面看起来光滑、闻起来没有霉味的红薯。

土豆

应选表皮光滑、个体大小一致、没有发芽的土豆，长芽的土豆含有毒物质——龙葵素。

黄瓜

刚采收的小黄瓜表面有小凸起，一摸有刺，是十分新鲜的。颜色翠绿有光泽，再注意前端的茎部切口，颜色嫩绿、漂亮的才是新鲜的。

白萝卜

萝卜皮细嫩光滑，比重大，用手指轻弹，声音沉重、结实的为佳，如声音浑浊则多为糠心。选购时以个体大小均匀、根形圆整、表皮光滑的白萝卜为优。

莲藕

莲藕鲜嫩无比，能长到1.6米左右，通常有4~6节。最底端的莲藕质地粗老，顶端的一节带有顶芽，鲜嫩，最好吃的是中间的部分。选购时，应选择那些藕节粗短肥大、无伤无烂、表面鲜嫩、藕身圆而笔直、用手轻敲声厚实、皮颜色为茶色、没有伤痕的藕。

丝瓜

丝瓜的种类较多，常见的有线丝瓜和胖丝瓜两种。线丝瓜细而长，购买时应挑选瓜形挺直、大小适中、表面无皱、水嫩饱满、皮色翠绿、不蔫不伤者。胖丝瓜相对较短，两端大致粗细一致，购买时以皮色新鲜、大小适中、表面有细褶，并附有一层白色绒状物、无外伤者为佳。

山药

挑选山药的时候，要关注的是山药的表皮，表皮光洁、没有异常斑点的才是好山药。有异常斑点的山药不建议购买，因为受病害感染的山药的食用价值已大大降低。

苦瓜

购买苦瓜时，宜选用果肉晶莹肥厚、瓜体嫩绿、皱纹深、掐上去有水分、末端有黄色者为佳。过分成熟的稍煮即烂，失去了苦瓜风味，不宜选购。

番茄

果蒂硬挺，且四周仍呈绿色的番茄才是新鲜的。有些商店将番茄装在不透明的容器中出售，在未能查看果蒂或色泽的情况下，最好不要选购。

茄子

深黑紫色，具有光泽，且蒂头带有硬刺的茄子最为新鲜，带褐色或有伤口的茄子不宜选购。

花菜

选购花菜时，应挑选花球雪白且坚实、花柱细、肉厚而脆嫩、无虫伤、无机械伤、不腐烂的。此外，可挑选花球附有两层不黄不烂青叶的花菜。花球松散、颜色变黄甚至发黑、湿润或枯萎的花菜质量低劣，食味不佳，营养价值低。

芦笋

芦笋以柔嫩的幼茎做蔬菜。出土前采收的幼茎色白幼嫩，称为白芦笋；出土见光后才收的幼茎呈绿色，称为绿芦笋。白芦笋以全株洁白、笋尖鳞片紧密、未长腋芽者最佳；绿芦笋笋尖鳞片紧密未展开、笋茎粗大、质地脆嫩者，口感最好。

竹笋

选购竹笋首先要看色泽，具有光泽的为上品。竹笋买回来如果不马上吃，可在竹笋的切面上涂抹一些盐，放入冰箱的冷藏室，这样就可以保证其鲜嫩度及口感。

牛肉

新鲜牛肉呈均匀的红色，且有光泽，脂肪为洁白或淡黄色，外表微干或有风干膜，富有弹性。

猪肉

新鲜猪肉红色均匀，有光泽，脂肪洁白；外表微干或微湿润，不黏手；指压后凹陷立即恢复；具有鲜猪肉的正常气味。次鲜猪肉的颜色稍暗，脂肪缺乏光泽；外表干燥或黏手，新切面湿润；指压后凹陷恢复慢或不能完全恢复。

鸡肉

健康的鸡羽毛紧密而油润，爪壮实有力，行动自如。如果购买宰杀好的鸡，要注意是否在鸡死后宰杀：屠宰刀口不平整、放血良好的是活鸡屠宰；刀口平整，甚至无刀口，放血不好，有残血，血呈暗红色，有可能是死后屠宰的鸡。

鸭肉

好的鸭肉肉质新鲜、脂肪有光泽。注过水的鸭，翅膀下一般有红针点或乌黑色，其皮层有打滑的现象，肉质也特别有弹性，用手轻轻拍打，会发出"噗噗"的声音。

鱼

质量上乘的鲜鱼，眼睛光亮透明，眼球略凸，眼珠周围没有充血而发红；鱼鳞光亮、整洁、紧贴鱼身；鱼鳃紧闭，呈鲜红或紫红色，无异味；腹部发白不膨胀，鱼体挺而不软，有弹性。若鱼眼浑浊，眼球下陷或破裂，脱鳞涨鳃，肉体松软，污秽色暗，有异味的，则是不新鲜的鱼。

虾

新鲜的虾色泽正常，体表有光泽，背面为黄色，体两侧和腹面为白色。一般雌虾为青白色，雄虾为淡黄色，通常雌虾个头大于雄虾。虾体完整，头尾紧密相连，虾壳与虾肉紧贴，用手触摸时，感觉硬实而富有弹性的为佳。

螃蟹

螃蟹要买活的，千万不能食用死螃蟹。最优质的螃蟹蟹壳青绿、有光泽，连续吐泡有声音，翻扣在地上能很快翻转过来，蟹腿完整、坚实、肥壮，腿毛顺，爬得快，腹部灰白，脐部完整饱满，用手捏有充实感，分量较重。

速成秘籍，冰箱冷冻肉类及海鲜

想要完成一道美味的肉类和海鲜的烹饪，需要的时间相对来说要比蔬菜久一些。但是，如果事先将肉类或者海鲜处理好，放入冰箱冷冻，需要的时候取出来解冻，就可以更加快速地完成一道美味的荤菜了。

厚猪肉片

❶案板上铺好保鲜膜，放上少许盐、酱油，放上猪肉片，再放上少许盐、酱油。

❷用保鲜膜包好，放入冷冻保存袋中冷冻保存。

牛肉片

❶牛肉切成大小适中的片，铺上保鲜膜，撒上少许盐和胡椒，将肉放上腌渍。

❷单块用保鲜膜包好，放入袋中冷冻保存。

鸡肉块

❶切成便于食用的大小，放入碗中，加入适量酱油、料酒调味。

❷用保鲜膜按照一次食用的分量包好，放入袋中冷冻保存。

鸡翅

❶将鸡翅打上一字刀；案板上铺上保鲜膜，撒上少许盐和胡椒，放上鸡翅腌渍。

❷用保鲜膜包好，放入袋中冷冻保存。

刀鱼

❶将鱼切块，放在铺好的保鲜膜上，抹上少许酱油和料酒。

❷用保鲜膜包好，放入袋中冷冻保存。

三文鱼

❶将三文鱼切块，用纸巾吸干表面水分，撒上少许盐。

❷每块用保鲜膜单独包好，放入袋中冷冻保存。

扇贝

 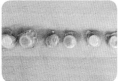  

❶将扇贝放入沸水中煮熟。

❷取出扇贝肉放凉，去除内脏。

❸包上保鲜膜。

❹放进袋中冷冻保存。

虾

❶鲜虾去掉头、虾线。

❷将处理好的虾放在盘中，盖上保鲜膜速冻。

❸取出后包入保鲜膜中。

❹放入袋中冷冻保存。

美味笔记，蔬菜巧烹饪

做菜不难，难的是做出很多美味的菜。要将蔬菜做得出色，就要抓住做菜中最关键的环节——烹饪。在烹饪的过程中，往往只要记住一点点小秘诀，就能收获大成功。

炒苋菜

在冷锅冷油中放入苋菜，再用旺火炒熟。这样炒出来的苋菜色泽明亮、滑润爽口，不会有异味。

炒胡萝卜

胡萝卜素只有溶解在油脂中才能被人体吸收，因此，炒胡萝卜时要多放些油，同肉类一起炒最好。

炒豆芽

炒的速度要快。脆嫩的豆芽往往会有涩味，可在炒时放一点醋，既能去除涩味，又能保持豆芽爽脆鲜嫩的口感。

炒藕片

将嫩藕切成薄片，入锅爆炒，颠翻几下，放入适量盐便立即出锅。这样炒出的藕片会洁白如雪、清脆多汁。如果炒藕片越炒越黏，可边炒边加少许清水，不但好炒，而且炒出来又白又嫩。

煮土豆

煮土豆之前，先将其放入水中浸泡20分钟左右，再放入锅中煮，等水分充分渗透到土豆里，土豆就不会被煮烂了。此外，用白开水煮土豆时，在水中加一点牛奶，不但能使土豆味道鲜美，而且还可防止土豆发黄。

煮南瓜

煮南瓜不要等水烧开了再放入，否则等内部煮熟了，外部早就煮烂了。煮南瓜的正确方法是将南瓜放在冷水里煮，这样煮出来的南瓜才会内外皆熟。

注意分寸，善于把握火候

火候是烹调技术的关键环节。准确把握菜肴的火力大小与时间长短，使原料的成熟恰到好处，就可以避免夹生与过火，可减少营养成分的损失。如果火候不够，菜肴加热达不到要求的温度，原料中的细菌就不能杀灭，也会影响菜肴的色、香、味、形。

·大火

大火又称旺火，适合炒、爆、蒸等烹饪方式。质地软脆嫩的食材使用旺火烹调，能使主料迅速加热，纤维急剧收缩，吃时口感较嫩且多汁，肉里的动物性蛋白就可以较好地保存下来了。

·中火

中火又叫文火，适合煎、炸等烹饪方式。比如煎鱼时，小火温度不够而易导致粘锅，大火又因为温度过高而煳锅。在煮浓汤时，应选用中火，才能煮出奶白色的靓汤。

·小火

小火适合烧、炖、煮、焖、煨等烹调方式。如炖肉、炖骨头时要用小火，且食材块越大，火就要越小，这样能使热量慢慢渗入食材，既能把食材煮软煮烂，又能使食材里的营养充分保留。

Chapter 2

爱上蔬菜好味道，
肉食者也可大满足

蔬菜也能精彩纷呈、花样百出。
对色彩缤纷蔬菜的挑选，
本身就是一次视觉的极大享受，
更不用说，将蔬菜食材进行合理搭配，
或烧或炒，或煮或蒸之后，
你就可以不用牺牲口腹之欲，
也能获得大大的满足了。

老厨白菜&
蟹肉棒杏鲍菇汤

主菜

老厨白菜

烹饪时间 10分钟	难易度 ★☆☆	适用人数 2人

材料

嫩白菜……500克
五花肉……200克
粉条……100克
香菜……适量
小葱……适量
姜……适量

调料

酱油……5毫升
料酒……6毫升
盐……2克
鸡粉……1克
食用油……适量

做法

1 嫩白菜洗净，切片。锅中注水烧开，放入白菜片焯烫，捞出。

2 五花肉切大片，粉条放入温水中，泡至滑软，捞出；香菜切段，小葱切葱花，姜切片。

3 炒锅注食用油烧热，下葱花、姜片煸香，加入五花肉煸炒，加盐、酱油、料酒，翻炒至五花肉七成熟。

4 放入泡软的粉条、鸡粉，炒熟，放入白菜片炒匀后撒上香菜段，即可出锅。

配汤

蟹肉棒杏鲍菇汤

材料 黄豆芽50克，杏鲍菇40克，蟹肉棒20克
调料 生抽4毫升

做法

①洗净的杏鲍菇对切开，切粗条，切成小块；处理好的蟹肉棒切成小块。

②碗中倒入黄豆芽、蟹肉棒、杏鲍菇，倒入清水、生抽，搅拌匀，用保鲜膜盖住。

③备好微波炉，打开炉门，将食材放入，关上炉门，微波3分钟20秒取出即可。

蔬菜营养不油腻，爱上清新好滋味！

糖醋卷心菜&
纳豆味噌汤

 主菜 ## 糖醋卷心菜

 烹饪时间
8分钟

 难易度
★☆☆

适用人数
1人

材料

卷心菜……250克
干红辣椒……适量
花椒……适量
姜……适量

调料

白糖……3克
盐……2克
鸡粉……2克
醋……适量
酱油……适量
食用油……适量

做法

1 将卷心菜洗净，撕成小片。

2 锅中注水烧开，放入卷心菜片略烫，捞出沥干。

3 姜、干红辣椒切丝。

4 炒锅注入食用油烧热，下入花椒炸香。

5 加姜丝、干红辣椒丝炒香。

6 加入白糖、盐，加入醋、酱油。

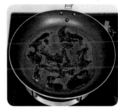

7 炒匀，调成糖醋汁。

8 把糖醋汁浇入卷心菜片上，撒入鸡粉，拌匀即可。

（配汤）纳豆味噌汤

材料 花生20克，纳豆30克，芦笋50克，香菇70克，芹菜30克，味噌10克
调料 椰子油5毫升

做法

①洗净的芦笋对半切开，去皮切丁；洗净的芹菜切碎；洗净的香菇去柄，切成片。

②锅中注水烧开，倒入香菇、芦笋、花生，煮沸，倒入纳豆、味噌、椰子油拌匀。

③倒入芹菜，拌匀，稍煮片刻，关火后将煮好的汤水盛入碗中即可。

蔬菜营养不油腻，爱上清新好滋味！

多宝菠菜&
鸡肉圣女果汤

主菜 多宝菠菜

烹饪时间 8分钟 ｜ 难易度 ★☆☆ ｜ 适用人数 1人

材料

菠菜……250克
火腿……50克
土豆……50克
松仁……适量
花生米……适量
清汤……适量
白芝麻……适量

调料

盐……3克
白糖……2克
鸡粉……2克
水淀粉……适量
食用油……适量

做法

1 菠菜洗净，去除根部，切成段；土豆去皮洗净切成丁；火腿切成小丁。

2 锅内加水烧开，将菠菜略烫，冲凉后装盘。锅中注油烧热，放入松仁、花生米炸香，捞出，沥油。

3 锅内留少许油烧热，放入土豆丁略炒，倒入清汤，放入松仁、花生米、火腿丁，烧开。

4 加入盐、白糖、鸡粉，用水淀粉勾芡，将烧好的汤汁浇在菠菜上，撒上白芝麻即可。

配汤 鸡肉圣女果汤

材料 卷心菜50克，鸡肉50克，圣女果70克，芝士粉5克
调料 胡椒粉3克，盐2克

做法

①洗净的圣女果对半切开，再对切；处理好的卷心菜切成小块；处理好的鸡肉切成末。

②将卷心菜、圣女果、鸡肉末倒入碗中，加胡椒粉、盐、适量凉开水，盖上保鲜膜。

③放入微波炉，微波3分30秒，取出，揭去保鲜膜，撒上芝士粉即可。

蔬菜营养不油腻，爱上清新好滋味！

香脆五丝 &
牛肉卷心菜汤

 主菜　香脆五丝

烹饪时间
6分钟

难易度
★☆☆

适用人数
1人

材料	
卷心菜	200克
冬笋肉	25克
鲜香菇	25克
红甜椒	1个
青甜椒	1个

调料	
盐	2克
鸡粉	1克
花椒粉	适量
芝麻油	适量
食用油	适量

做法

1 卷心菜洗净，切细丝。

2 鲜香菇洗净，捞出沥干，切细丝。

3 冬笋肉洗净，切细丝。

4 青甜椒洗净，切细丝。

5 红甜椒洗净，切细丝。

6 锅中加水烧开，将各种切好的细丝焯至断生，捞出，沥干水分。

7 炒锅注油烧热，下入花椒粉，炒香，放入五丝，炒匀。

8 撒盐、鸡粉快炒至熟，装盘后淋入芝麻油，拌匀即可。

配汤 牛肉卷心菜汤

材料	牛肉100克，卷心菜75克，去皮白萝卜片、洋葱块、红椒块各适量
调料	盐3克，胡椒粉4克，料酒5毫升，番茄酱50克，食用油适量

做法

①洗净的卷心菜切块，洗净的牛肉切片。

②将切好的牛肉片装碗，加入料酒，放入1克盐、胡椒粉，拌匀，腌渍至入味。

③起油锅，放入牛肉片，炒转色，注水，倒入白萝卜片，煮1分钟。放入洋葱、红椒、卷心菜、番茄酱焖入味，加入2克盐拌匀即可。

番茄炒山药&
笋片鹌鹑蛋汤

主菜 番茄炒山药

烹饪时间
9分钟

难易度
★★☆

适用人数
2人

材料

去皮山药……200克
番茄……150克
大葱……10克
大蒜……5克
葱段……5克

调料

盐……2克
白糖……2克
鸡粉……3克
水淀粉……适量
食用油……适量

做法

1 洗净的山药切成块状，洗好的番茄切成小瓣，处理好的大蒜切片，洗净的大葱切段。

2 锅中注清水烧开，加入盐、食用油，倒入山药，焯煮片刻至断生，关火，将焯煮好的山药捞出，装盘备用。

3 用油起锅，倒入大蒜、大葱、番茄、山药，炒匀，加入盐、白糖、鸡粉，炒匀。

4 倒入水淀粉，炒匀，加入葱段，翻炒约2分钟至熟，盛出，装入盘中即可。

配汤 笋片鹌鹑蛋汤

材料 卷心菜60克，猪里脊肉、鹌鹑蛋、香菇、大葱圈、冬笋片、去皮胡萝卜各适量
调料 水淀粉10毫升，盐、白胡椒粉各3克，生抽5毫升

做法

①卷心菜洗净切段；胡萝卜切丁；猪里脊肉洗净切片；香菇洗净去柄，切小块。

②猪里脊肉加盐、白胡椒粉、水淀粉拌匀。

③锅中注水烧开，倒入胡萝卜、香菇、冬笋、鹌鹑蛋、大葱，煮沸，倒入卷心菜、猪里脊肉，煮片刻，加盐、生抽拌匀即可。

嫩烧丝瓜排&
鱼豆腐白菜汤

主菜 嫩烧丝瓜排

 烹饪时间 6分钟

 难易度 ★☆☆

 适用人数 1人

材料

丝瓜……200克
葱……适量

调料

盐……2克
鸡粉……1克
胡椒粉……1克
水淀粉……适量
芝麻油……适量
食用油……适量

做法

1 将丝瓜洗净，去皮，从中间剖开，去瓜瓤；丝瓜切成条，葱切段。

2 炒锅注入食用油烧热，放入葱段爆香，下丝瓜条翻炒。

3 撒入鸡粉调味，撒入盐调味。

4 用水淀粉勾芡，淋少许芝麻油略炒，撒胡椒粉炒匀即成。

配汤 鱼豆腐白菜汤

材料 油豆腐85克，白菜65克，鱼丸90克
调料 盐2克，鸡粉2克，胡椒粉2克

做法

①洗净的鱼丸对半切开，并打上十字花刀；洗净的白菜切去根部，切成段。

②砂锅注水烧热，倒入鱼丸、油豆腐，拌匀，加盖，大火煮开后转小火煮6分钟。

③揭盖，倒入上海青，拌匀，加入盐、鸡粉、胡椒粉，拌匀入味，盛入碗中即可。

金沙茄条&
肉丝魔芋粉丝汤

主菜 金沙茄条

烹饪时间	难易度	适用人数
10分钟	★★☆	1人

材料

茄子……300克
熟咸鸭蛋黄碎……50克

调料

盐……4克
干淀粉……适量
食用油……适量

做法

 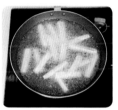  

1 将茄子洗净，去皮，切条，加盐腌渍。茄子条上撒干淀粉，拌匀。熟鸭蛋黄碎剁细，再拍成泥。

2 炒锅注入食用油烧热，放入茄子条，慢火炸至色泽淡黄、微脆，捞出沥油。

3 锅中留油烧热，放入熟咸鸭蛋黄碎泥翻炒，将熟咸鸭蛋黄碎泥炒香，呈汁状。

4 倒入茄子条，炒匀，使熟咸鸭蛋黄碎泥均匀地裹在茄子条上，出锅装盘即可。

配汤 肉丝魔芋粉丝汤

材料　魔芋丝230克，里脊肉120克，番茄90克，香菇、姜丝、香菜叶各少许
调料　盐2克，料酒、食用油各适量

做法

①洗净的香菇面上切十字花刀；洗好的番茄切片；洗净的里脊肉切成丝，加入盐、料酒、食用油腌渍；魔芋丝煮片刻捞出。

②起油锅，爆香姜丝，放入里脊肉丝、香菇，加入料酒、清水，煮2分钟，加魔芋。

③加盐、番茄拌匀盛出，放上香菜即可。

蜜汁南瓜&
香菇猪肉丸汤

主菜 **蜜汁南瓜**

烹饪时间
8分钟

难易度
★ ☆ ☆

适用人数
2人

材料

南瓜……500克
鲜百合……40克
枸杞……3克

调料

冰糖……30克

做法

1 将去皮洗净的南瓜切片，南瓜片装入盘中，堆成塔形。

2 百合洗净，掰成片状；枸杞洗净；用百合片放入南瓜中央摆成花瓣型，放入枸杞点缀。

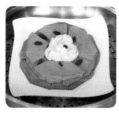

3 将南瓜移到蒸锅，蒸约7分钟，取出。

4 锅中加少许清水，倒入冰糖，拌匀，用小火煮至融化，将冰糖汁浇在南瓜上即可。

配汤 **香菇猪肉丸汤**

材料　香菇55克，猪肉丸65克，小白菜50克，香菜少许
调料　盐2克，鸡粉2克

做法

①洗净的小白菜切段，洗净的猪肉丸对半切开，打上十字花刀，洗净的香菇切成小块。

②砂锅注水烧热，放入肉丸、香菇块，拌匀，煮开后转小火煮5分钟至食材熟软。

③揭盖，撒上盐、鸡粉，倒入小白菜，拌匀，稍煮片刻，盛入碗，撒上香菜即可。

蔬菜营养不油腻，爱上清新好滋味！

腐乳南瓜&
西蓝花扇贝汤

 主菜 **腐乳南瓜**

烹饪时间 10分钟	难易度 ★☆☆	适用人数 2人

材料

南瓜……500克
腐乳……2块
蒜……适量

调料

腐乳汁……6毫升
盐……2克
鸡粉……1克
芝麻油……适量
食用油……适量

做法

1 南瓜洗净、去皮、去瓤，切成条。

2 腐乳块压成泥，加入腐乳汁拌匀。

3 蒜洗净，切成末。

4 炒锅注入食用油烧熟，下蒜末炒香。

5 倒入腐乳泥炒数下。

6 放入南瓜条炒匀。

7 加入盐、鸡粉。

8 加入适量开水，小火焖至汤汁干，淋入芝麻油即成。

(配汤) 西蓝花扇贝汤

材料	扇贝4个，卷心菜60克，西蓝花30克，去皮胡萝卜丁、大葱丁、香菇块各适量
调料	盐4克，奶油25克，食用油少许

做法

①卷心菜洗净，掰散切块；西蓝花洗净切小朵。沸水锅中加盐、食用油，放入西蓝花，氽至断生捞出；扇贝蒸5分钟，取出。

②锅中注水烧开，放入胡萝卜丁、香菇块、大葱丁、卷心菜，煮开，放入西蓝花，加入扇贝肉，煮1分钟，加入盐、奶油搅匀即可。

珊瑚藕片&
杂菌虾仁汤

主菜 珊瑚藕片

烹饪时间 10分钟	难易度 ★★☆	适用人数 2人

材料

藕……350克
干红辣椒……适量

调料

白糖……2克
米醋……2毫升
食用油……适量

做法

1 藕洗净，去皮，切成薄片，干红辣椒切丝。

2 锅中注水烧开，放入藕片焯烫去生，用滤网捞出藕片，将藕片过凉水，沥干水分。

3 藕片加白糖、米醋拌匀，装盘，取几根干红辣椒丝，放在藕片上。

4 炒锅注入食用油烧热，下入干红辣椒丝炸香成辣油，将辣油浇入藕片，拌匀即成。

配汤 杂菌虾仁汤

材料	金针菇30克，香菇30克，杏鲍菇50克，虾仁60克，葱花2克
调料	盐2克，料酒3毫升，食用油3毫升

做法

①杏鲍菇切片，金针菇去根，切开；香菇切片；虾仁加料酒、盐、食用油拌匀。

②取杯子，放入杏鲍菇、香菇、金针菇、虾仁拌匀，加入适量清水，盖上保鲜膜。

③电蒸锅注水烧开，放上杯子，盖上盖，蒸10分钟，取出，撒上葱花即可。

蔬菜营养不油腻，爱上清新好滋味！

番茄糖藕&
丝瓜瘦肉汤

 主菜　**番茄糖藕**

烹饪时间 10分钟	难易度 ★☆☆	适用人数 2人

材料

番茄……1个
莲藕……1节

调料

白糖……3克

做法

1 番茄洗净，在顶部划十字。

2 放入开水锅中汆烫片刻。

3 取出番茄，去皮。

4 将去皮的番茄切成片。

5 莲藕洗净去皮，切成片。

6 将莲藕片放入开水中煮熟。

7 捞出煮熟的莲藕。

8 将番茄放入盘中，再加上莲藕片，均匀撒上白糖即可。

（配汤）**丝瓜瘦肉汤**

材料 丝瓜100克，瘦肉100克，虾皮20克
调料 盐2克，鸡粉2克，黑胡椒粉、料酒各适量

做法

①洗净去皮的丝瓜对半切开，切块；处理好的瘦肉切丝。

②瘦肉装碗，放入盐、鸡粉、黑胡椒粉、料酒，拌匀。取出碗，放入瘦肉、丝瓜、虾皮，注入清水，盖上保鲜膜。

③电蒸锅注水烧开，放入食材蒸8分钟即可。

蔬菜营养不油腻，爱上清新好滋味！

百合炒芦笋&
扇贝香菇汤

主菜 **百合炒芦笋**

烹饪时间	难易度	适用人数
8分钟	★☆☆	2人

材料

芦笋……200克
鲜百合……100克
鲜白果……25克
辣椒……适量
蒜……适量

调料

盐……2克
胡椒粉……1克
食用油……适量

做法

1 将鲜百合掰成瓣，洗净；芦笋洗净，切段，下入开水锅内焯一下，捞出沥干水。

2 辣椒洗净切片，蒜去皮、切末。

3 炒锅注入食用油烧热，下入蒜末爆香，放入辣椒片、鲜百合瓣，煸炒。

4 加入芦笋段、鲜白果略炒，撒入盐，撒入胡椒粉，炒匀即可。

配汤 **扇贝香菇汤**

材料	蟹味菇70克，小扇贝、胡萝卜丁、白洋葱丁、罗勒粉各少许
调料	椰子油、白胡椒粉、盐、牛奶各适量

做法

①洗净的蟹味菇去根，掰散；扇贝切开壳，除去内脏，洗净。

②热锅倒油烧热，放入扇贝肉，炒片刻，加入胡萝卜，放入适量盐、白胡椒粉、清水、牛奶，煮沸，加入蟹味菇、白洋葱丁，小火焖煮8分钟，盛出，撒上罗勒粉即可。

杂烩鲜百合&
白菜豆腐肉丸汤

主菜 杂烩鲜百合

烹饪时间 10分钟	难易度 ★★☆	适用人数 1人

材料

鲜百合……150克
西芹……100克
腰果……50克
胡萝卜……1根
姜……适量
蒜……适量

调料

盐……2克
水淀粉……适量
食用油……适量

做法

1 鲜百合掰成瓣，洗净；蒜洗净、切末，姜切丝；西芹择洗净，胡萝卜洗净，均切菱形片。

2 锅中注水，加食用油、盐，烧沸，放入鲜百合瓣、西芹片、胡萝卜片略烫，捞出沥干。

3 炒锅注入食用油烧热，下入腰果炸至色泽金黄，捞出沥油。

4 炒锅留油烧热，爆香蒜、姜，放入百合瓣、西芹片、胡萝卜片炒匀，加盐，用水淀粉勾芡，放入腰果炒匀即可。

配汤 白菜豆腐肉丸汤

材料 肉丸240克，水发木耳55克，大白菜100克，豆腐85克，姜片、葱花各少许
调料 盐1克，鸡粉2克，胡椒粉2克

做法

①将洗净的大白菜切开，再切成小块；洗好的豆腐切开，再切成小方块。

②砂锅中注水烧开，倒入肉丸、姜片、豆腐、木耳，拌匀，大火煮8分钟。

③倒入大白菜，加入适量盐、鸡粉、胡椒粉，拌匀至食材入味，撒上葱花即可。

蔬菜营养不油腻，爱上清新好滋味！

芥油金针菇&
海蜇肉丝鲜汤

主菜 # 芥油金针菇

烹饪时间
10分钟

难易度
★★☆

适用人数
2人

材料

金针菇……300克
火腿……100克
香菜……适量

调料

盐……适量
芥末油……适量
芝麻油……适量

做法

1 将金针菇去掉根部，洗净；洗净的香菜切成段，火腿切丝。

2 锅中注水烧开，下入金针菇，下入火腿丝、香菜段焯一下，捞出沥干。

3 金针菇、香菜段、火腿丝放入碗中，加入盐拌匀。

4 再加入芥末油、芝麻油，拌匀即可。

 配汤 # 海蜇肉丝鲜汤

材料 海蜇175克，黄豆芽75克，瘦肉110克，去皮胡萝卜95克，姜片少许
调料 盐、鸡粉各2克，料酒5毫升，食用油适量

做法

①洗净的海蜇切丝；洗好的胡萝卜切成丝；洗净的瘦肉切成丝。

②瘦肉丝加入盐、料酒、食用油，腌渍。

③锅中注入油，爆香姜片，放入清水、海蜇丝、胡萝卜丝，煮2分钟，倒入瘦肉丝、黄豆芽，加入盐、鸡粉，煮5分钟即可。

蔬菜营养不油腻，爱上清新好滋味！

素鸡炒蒜薹&
冬笋油菜海味汤

 主菜　**素鸡炒蒜薹**

烹饪时间
10分钟

难易度
★☆☆

适用人数
2人

材料

素鸡……250克
嫩蒜薹……100克
葱……适量
姜……适量
蒜……适量

调料

盐……2克
料酒……3毫升
水淀粉……适量
芝麻油……适量
食用油……适量

做法

1 将素鸡切成条，葱、姜、蒜切末，嫩蒜薹洗净，切成段。

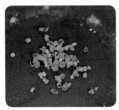

2 炒锅注食用油烧热，下入葱末爆香。

3 下入姜末、蒜末爆香。

4 烹入料酒，放入盐。

5 放入素鸡条煸炒。

6 加入嫩蒜薹段，煸炒片刻。

7 用水淀粉勾芡，小火收汁。

8 淋上芝麻油，出锅即成。

配汤 冬笋油菜海味汤

材料 冬笋片150克，鱿鱼片120克，油菜130克，虾米25克，姜丝少许

调料 盐、鸡粉、胡椒粉各2克，芝麻油少许

做法

①锅中注入适量清水烧开，倒入冬笋片，加入姜丝、虾米，搅拌均匀。

②倒入鱿鱼片，搅拌匀，放入盐、鸡粉。

③放入洗净的油菜，煮约2分钟至熟，加入胡椒粉、芝麻油，搅拌均匀。

④盛出煮好的汤料，装入碗中即可。

蔬菜营养不油腻，爱上清新好滋味！

什锦西蓝花&
三文鱼蔬菜汤

主菜 什锦西蓝花

烹饪时间
10分钟

难易度
★☆☆

适用人数
2人

材料

西蓝花……200克
香菇丁……50克
马蹄……90克
去皮胡萝卜……50克

调料

盐……3克
水淀粉……3毫升
食用油……适量

做法

1 洗净的西蓝花去根部，切成小朵状。洗净的胡萝卜修齐，切成丁。洗净的马蹄切成小块。

2 热锅注水煮沸，加入盐、食用油、西蓝花，焯煮至断生后，捞出摆盘待用。

3 锅中放入香菇、胡萝卜、马蹄，焯水，煮2分钟至断生后，捞出。

4 热锅注油，放入香菇、胡萝卜、马蹄翻炒，注入清水，放入盐、水淀粉炒匀，放在盛有西蓝花的盘中即可。

配汤 三文鱼蔬菜汤

材料 三文鱼70克，番茄85克，口蘑35克，芦笋90克
调料 盐、鸡粉各2克，胡椒粉适量

做法

①洗净的芦笋切成小段；洗好的口蘑切成薄片；洗净的番茄切成小瓣，去除表皮；处理好的三文鱼切成丁。
②锅中注水烧开，倒入三文鱼，煮至变色，放入芦笋、口蘑、番茄拌匀，煮约8分钟，加入盐、鸡粉、胡椒粉搅匀即可。

Chapter 3

满满的豆香味，
让人惊叹的好料理

豆类食材是一种十分神奇的食材，
不仅本身就可以入菜，
还能幻化成诸多美味食材，
比如豆腐、豆浆、豆皮、豆芽等，
用这些豆香满满的食材做菜，
不用开锅，
你就能闻到迷人的香味！

豆香四溢，让你瞬间就爱上！

虾酱肉末四季豆&
家常蔬菜蛋汤

主菜 **虾酱肉末四季豆**

烹饪时间
10分钟

难易度
★★☆

适用人数
2人

材料

四季豆……200克
猪肉……100克
虾酱……75克
鸡蛋……2个
香菜……适量
香葱……适量
姜……适量

调料

盐……3克
料酒……3毫升
酱油……2毫升
鲜汤……适量
食用油……适量

做法

1 四季豆择洗净，下入开水中焯烫，捞出切末。

2 猪肉、香菜、香葱、姜分别切末。

3 鸡蛋打入碗内，加入少许虾酱拌匀。

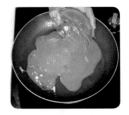

4 炒锅注食用油烧热，倒入虾酱鸡蛋液，小火炒熟，盛出。

5 炒锅注食用油烧热，下入香葱末、姜末爆香。

6 加入五花肉末，炒匀，加入酱油、料酒，煸炒至熟。

7 放入四季豆末、虾酱鸡蛋。

8 倒入鲜汤，用慢火煨透，撒盐调味，加入香菜末，翻炒均匀即成。

配汤 家常蔬菜蛋汤

材料 菜心150克，黄瓜100克，番茄95克，鸡蛋液50克
调料 盐2克，鸡粉2克，食用油适量

做法

①将洗净的菜心切成段，洗好的番茄切成瓣，洗净的黄瓜去皮，切成块。

②锅中注水烧开，加入食用油、盐、鸡粉。

③放入切好的黄瓜、番茄，用大火煮沸，放入切好的菜心，煮约1分钟，倒入鸡蛋液，煮沸，盛出，装入碗中即成。

豆香四溢，让你瞬间就爱上！

榄菜四季豆&
白萝卜蛤蜊汤

 主菜　榄菜四季豆

烹饪时间
10分钟

难易度
★★☆

适用人数
1人

材料

四季豆……200克
红椒……20克
橄榄菜……60克
蒜末……少许
干辣椒……少许
花椒……少许

调料

盐……1克
鸡粉……2克
生抽……3毫升
料酒……5毫升
食用油……适量

扫一扫学烹饪

做法

1 洗好的四季豆切段。

2 洗净的红椒切开，再切条，备用。

3 热锅注油，烧至四五成热，倒入切好的四季豆，炸约半分钟至其断生。

4 把炸好的四季豆捞出，装盘待用。

5 锅底留油，放入红椒、蒜末、花椒、橄榄菜、干辣椒，爆香。

6 倒入炸好的四季豆，淋入料酒，加入盐、鸡粉，炒匀。

7 倒入生抽，炒至食材入味。

8 关火后盛出炒好的菜肴，装入盘中即可。

（配汤）白萝卜蛤蜊汤

材料	去皮白萝卜300克，蛤蜊250克，葱花适量
调料	盐、黑胡椒粉各2克，椰子油3毫升

做法

①白萝卜对半切开，切片。

②锅置火上，放入清水，倒入白萝卜片，煮开后转小火续煮至熟软。

③转大火，放入处理干净的蛤蜊，搅匀，煮2分钟，掠去浮沫，加入椰子油、盐、黑胡椒粉，搅匀盛出，撒上葱花即可。

腊肠炒荷兰豆&
鲈鱼老姜苦瓜汤

主菜 腊肠炒荷兰豆

烹饪时间 9分钟	难易度 ★☆☆	适用人数 1人

 材料

荷兰豆……150克
腊肠……50克
姜片……少许
蒜片……少许
葱段……少许

调料

盐……少许
鸡粉……2克
白糖……2克
水淀粉……适量
食用油……适量

做法

1 将洗净的腊肠斜刀切片，洗好的荷兰豆切去头尾。

2 锅中注水烧开，倒入切好的荷兰豆，焯煮至食材断生后捞出，沥干水分。

3 用油起锅，撒上姜片、蒜片、葱段，爆香，放入腊肠，炒香，倒入焯过水的食材，炒匀。

4 转小火，加入少许盐、鸡粉、白糖，注入适量清水，大火快炒，至食材熟透，再用水淀粉勾芡，即可。

配汤 鲈鱼老姜苦瓜汤

材料 苦瓜块50克，鲈鱼肉60克，老姜10克，葱段少许
调料 盐1克，食用油适量

做法

①砂锅置火上，注入适量的油，倒入葱段、老姜，爆香。

②放入苦瓜块，注入适量清水，煮开。

③放入洗净的鲈鱼肉，加盖，用小火续煮至食材熟，加入盐，搅匀调味，关火后盛出煮好的汤，装碗即可。

豆香四溢，让你瞬间就爱上！

胡萝卜嫩炒长豆角&
黄豆鸡肉杂蔬汤

主菜 **胡萝卜嫩炒长豆角**

烹饪时间 8分钟	难易度 ★☆☆	适用人数 1人

材料

长豆角……130克
去皮胡萝卜……100克

调料

盐……3克
白胡椒粉……3克
椰子油……5毫升
白葡萄酒……3毫升

做法

1 洗净的胡萝卜修整齐切片，切成丝；洗净的长豆角拦腰切断，切去尾部，改切成等长段。

2 热锅注入椰子油烧热，倒入胡萝卜、长豆角，炒匀。

3 注入适量的清水，拌匀，煮至沸腾。

4 加入白葡萄酒、盐、白胡椒粉，充分拌匀至入味，关火后，将炒好的菜肴盛入盘中即可。

 配汤 **黄豆鸡肉杂蔬汤**

材料 鸡肉、水发黄豆各50克，卷心菜60克，香菇、大葱丁、去皮胡萝卜各适量
调料 盐3克，胡椒粉2克，番茄酱100克

做法

①洗净的卷心菜切块，胡萝卜切圆片，洗好的香菇去蒂，切块，洗净的鸡肉切小块。

②鸡肉加1克盐、胡椒粉，拌匀。

③锅中注水烧开，倒入黄豆、鸡肉、胡萝卜片、大葱丁，煮至熟软，倒入香菇块、卷心菜，倒入番茄酱，拌匀，加入2克盐，搅匀即可。

豆香四溢，让你瞬间就爱上！

清炒青豆&
里脊蔬菜辣汤

（主菜） **清炒青豆**

烹饪时间
10分钟

难易度
★☆☆

适用人数
1人

材料

青豆……200克
红彩椒……10克

调料

盐……3克
鸡粉……2克
食用油……10毫升

做法

1 用油起锅，倒入洗净的青豆，翻炒均匀至散出香味。

2 加入适量清水至没过青豆，拌匀，煮至汁水收干。

3 倒入洗净切好的红彩椒，炒匀。

4 加入盐、鸡粉，炒匀，关火后盛出炒好的菜肴，装盘即可。

（配汤） **里脊蔬菜辣汤**

材料	猪里脊肉75克，上海青、黄豆芽、葱段、蒜片、白芝麻各适量
调料	盐1克，胡椒粉2克，生抽3毫升，食用油、豆瓣酱各适量

做法

①黄豆芽去根，切成两段；上海青切去根，对半切开；里脊肉切片。

②起油锅，放入里脊肉片炒至转色，放葱段、蒜片、豆瓣酱炒匀，注水，煮2分钟。

③放入黄豆芽、上海青，调入盐、胡椒粉、生抽，盛出，撒上白芝麻即可。

绿豆芽拌猪肝&
芦笋银鱼汤

主菜 **绿豆芽拌猪肝**

烹饪时间	难易度	适用人数
10分钟	★★☆	2人

材料

卤猪肝……220克
绿豆芽……200克
蒜末……少许
葱段……少许

调料

盐……2克
鸡粉……2克
生抽……5毫升
陈醋……7毫升
花椒油……适量
食用油……适量

做法

1 将备好的卤猪肝切片，锅中注水烧开，倒入绿豆芽，煮至断生后捞出。

2 用油起锅，撒入蒜末、葱段，炒匀，放入猪肝片、绿豆芽。

3 加入少许盐、鸡粉、生抽、陈醋、花椒油，拌入味。

4 取盘子，放入部分猪肝片，摆放好，再盛入锅中的食材，摆好盘即可。

配汤 **芦笋银鱼汤**

材料	芦笋80克，猪瘦肉片100克，银鱼干60克，姜丝少许
调料	盐、胡椒粉各2克，水淀粉5毫升，料酒10毫升，食用油适量

做法

①洗净的芦笋去根，斜刀切段；沸水锅中倒入银鱼干，氽烫去腥，捞出。
②瘦肉片加盐、胡椒粉、料酒、水淀粉、食用油腌渍。起油锅，倒入瘦肉片炒1分钟，倒入姜丝、料酒、清水、芦笋、银鱼干，煮4分钟，加入盐、胡椒粉，搅匀即可。

豆香四溢，让你瞬间就爱上！

豆芽拌粉条&
时蔬肉片汤

（主菜） **豆芽拌粉条**

烹饪时间	难易度	适用人数
10分钟	★☆☆	2人

材料

水发红薯宽粉……280克
黄豆芽……100克
朝天椒……20克
蒜末……少许

调料

亚麻籽油……适量
盐……2克
鸡粉……2克
生抽……3毫升
陈醋……3毫升
辣椒油……2毫升

扫一扫学烹饪

做法

1 洗净的黄豆芽去根部。

2 宽粉切段，朝天椒切圈。

3 锅中注适量清水烧开，放适量盐、亚麻籽油。

4 倒入豆芽、宽粉，煮约1分钟。

5 把煮好的豆芽和宽粉捞出，沥干水。

6 把豆芽和粉条装入碗中，加入朝天椒圈、蒜末。

7 放盐、鸡粉、生抽、陈醋、亚麻籽油，拌匀。

8 加辣椒油，拌匀，将菜肴盛出装盘即可。

（配汤）## 时蔬肉片汤

材料 猪里脊肉80克，卷心菜块、蒜片、红椒块、香菇块各适量，去皮胡萝卜片10克
调料 盐3克，胡椒粉2克，生抽、芝麻油各3毫升

做法

①猪里脊肉切片，加1克盐、胡椒粉腌渍。热锅中倒芝麻油烧热，放入肉片、蒜片、红椒块、适量清水，煮1分钟，放入香菇块、胡萝卜片、卷心菜块，煮2分钟。

②加入2克盐，倒入生抽，搅匀至汤汁微稠，盛出汤品，装碗即可。

麻婆豆腐&
黄花菜鱼丸汤

主菜 麻婆豆腐

烹饪时间 10分钟	难易度 ★★☆	适用人数 2人

材料

嫩豆腐……400克
鸡汤……500毫升
蒜……少许
葱……少许

调料

食用油……适量
豆瓣酱……35克
鸡粉……3克
花椒粉……3克
水淀粉……10克
生抽……1少许

做法

1 洗净的葱切碎，蒜切末，豆瓣酱剁碎，使得菜色更美观、更入味。洗净的豆腐切块，放入清水中浸泡。

2 热锅注水烧热，将豆腐放入锅中，焯水2分钟，倒出备用。

3 热锅注油烧热，放入豆瓣酱炒香，放入蒜末炒出香味，倒入鸡汤拌匀烧开，再倒入生抽，翻炒均匀。

4 放入豆腐烧开，撒入鸡粉，炒至均匀入味，加入水淀粉勾芡，撒入花椒粉调味，撒入葱花，关火，盛出即可。

配汤 黄花菜鱼丸汤

材料 鱼丸200克，水发黄花菜150克，菜心100克，姜片、葱段各少许
调料 盐、鸡粉、胡椒粉各1克，芝麻油5毫升，食用油适量

做法

①洗净的鱼丸对半切开，打上花刀。
②热锅注油，倒入姜片、葱段，爆香，注入适量清水，倒入鱼丸，放入黄花菜。
③加入盐、鸡粉，拌匀，加盖，用大火煮2分钟至熟，揭盖，放入洗净的菜心、胡椒粉、芝麻油，拌匀后盛出即可。

豆香四溢，让你瞬间就爱上！

蘑菇竹笋豆腐&豌豆虾丸汤

主菜 蘑菇竹笋豆腐

烹饪时间 9分钟	难易度 ★★☆	适用人数 2人

 材料

豆腐……400克
竹笋……50克
口蘑……60克
葱花……少许

调料

盐……少许
水淀粉……4毫升
鸡粉……2克
生抽……适量
老抽……适量
食用油……适量

做法

1 洗净的豆腐切小块，洗好的口蘑切成丁，去皮洗净的竹笋切成丁。

2 锅中注水烧开，放少许盐，倒入口蘑、竹笋，搅拌匀，煮1分钟，放入豆腐，略煮捞出，装盘备用。

3 锅中倒入适量食用油，放入焯过水的食材，翻炒匀，加入适量清水、适量盐、鸡粉、生抽，炒匀。

4 加少许老抽，翻炒均匀，加入水淀粉，待食材收汁后，装入盘中，撒上葱花即可。

配汤 豌豆虾丸汤

材料 熟豌豆70克，虾丸、姜片、葱段各少许
调料 盐2克，鸡粉2克，胡椒粉2克，食用油适量

做法

①洗净的虾丸对半切开，打上十字花刀。
②用油起锅，倒入姜片、葱段，爆香，倒入豌豆，注入适量的清水。
③放入虾丸，加盖，煮开至食材熟软。
④揭盖，撒上盐、鸡粉、胡椒粉，充分拌匀入味即可。

豆香四溢，让你瞬间就爱上！

腊味家常豆腐&
双菇粉丝肉片汤

主菜 ## 腊味家常豆腐

烹饪时间	难易度	适用人数
8分钟	★☆☆	2人

材料

豆腐……200克
腊肉……180克
干辣椒……10克
蒜末……10克
朝天椒……15克
姜片……少许
葱段……少许

调料

盐……1克
鸡粉……1克
生抽……5毫升
水淀粉……5毫升
食用油……适量

做法

1 洗净的豆腐切粗条，腊肉切片；热锅注油，放入豆腐，煎约4分钟至两面焦黄，出锅。

2 锅留底油，倒入腊肉、姜片、蒜末、干辣椒、朝天椒，加入生抽，炒匀，注入适量清水。

3 倒入煎好的豆腐，炒约2分钟至熟软，加入盐、鸡粉，翻炒2分钟至入味。

4 用水淀粉勾芡，炒至收汁，倒入葱段，关火后盛出菜肴，装盘即可。

配汤 ## 双菇粉丝肉片汤

材料
调料

水发粉丝250克，水发香菇50克，草菇60克，瘦肉、姜片、葱花各少许
盐2克，鸡粉2克，料酒4毫升

做法

①洗净的草菇切块；洗好的香菇去蒂，对半切开；洗净的瘦肉切成片。

②锅中注水烧热，倒入肉片，再放入草菇、香菇，撒上姜片，淋入料酒，煮8分钟。

③倒入粉丝，加入适量盐、鸡粉，煮至粉丝熟透，装入碗中，撒上葱花即可。

豆香四溢，让你瞬间就爱上！

香菜豆腐干&鱼丸豆苗汤

 主菜 香菜豆腐干

烹饪时间 8分钟	难易度 ★☆☆	适用人数 1人

材料

香干……300克
香菜……60克
朝天椒……20克

调料

苏籽油……5毫升
大豆油……5毫升
盐……2克
鸡粉……1克
白糖……2克
生抽……5毫升
陈醋……5毫升

扫一扫学烹饪

做法

1 洗好的香干从中间横刀切开，改刀切片；洗净的香菜切段，洗好的朝天椒切圈。

2 沸水锅中加入盐，倒入切好的香干，汆煮一会儿至断生。

3 捞出汆好的香干，沥干水分，装盘待用。

4 取一碗，倒入汆好的香干。

5 倒入切好的朝天椒。

6 放入切好的香菜。

7 加入盐、鸡粉、生抽、陈醋、白糖。

8 倒入苏籽油，淋入大豆油，充分地将食材拌匀，装盘即可。

（配汤）鱼丸豆苗汤

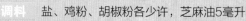

材料	鱼丸75克，豆苗55克，葱花少许
调料	盐、鸡粉、胡椒粉各少许，芝麻油5毫升

做法

①洗净的鱼丸对半切开，打上十字花刀，待用。

②砂锅注水煮开，倒入鱼丸，调大火煮约5分钟，往锅中倒入洗净的豆苗，拌匀。

③加入盐、鸡粉、胡椒粉、芝麻油，拌匀入味，盛入碗中，撒上葱花即可。

腐皮卷素菜&
泰式酸辣虾汤

主菜 **腐皮卷素菜**

| 烹饪时间 10分钟 | 难易度 ★★☆ | 适用人数 2人 |

材料

豆腐皮……100克
胡萝卜……1根
韭菜……50克
绿豆芽……50克
榨菜……30克
鲜香菇……30克

调料

盐……2克
白糖……1克
胡椒粉……1克
淀粉……适量
食用油……适量

做法

1 鲜香菇洗净切末，胡萝卜洗净切末，榨菜切末，绿豆芽洗净切末，韭菜洗净切末，淀粉加适量水调成浆。

2 炒锅注油烧热，放入香菇末、胡萝卜末、榨菜末、绿豆芽末、韭菜末，加盐、白糖、胡椒粉炒匀，制成馅。

3 将豆腐皮包入适量馅，卷成长条，在收口处涂上淀粉浆。

4 下入热油锅煎至两面金黄，盛出，斜切大段即可。

配汤 **泰式酸辣虾汤**

材料 调料 基围虾4只，番茄块、去皮冬笋块、茶树菇、牛奶、香菜、朝天椒圈各适量
椰子油5毫升，盐2克，黑胡椒粉3克，泰式酸辣酱30克

做法

①洗净的茶树菇去根，切段；榨汁杯中加入牛奶、泰式酸辣酱、适量盐，榨取汁水。
②沸水锅中倒入处理好的基围虾，加入茶树菇、冬笋、番茄、朝天椒、盐，煮8分钟，加入黑胡椒粉、椰子油，拌匀，放上香菜即可。

Chapter 4

吃肉很解馋,
越吃越上瘾

人们常说"无肉不欢"
对于嗜肉的人来说,
最开心的事就是每顿饭都有肉!
喷香的肉香弥漫在厨房,
浓郁的肉汁缠绕在唇齿舌尖,
真是一种幸福的味蕾体验!

肉酱菠菜&
菊花鱼片

肉酱菠菜

材料

菠菜……300克
里脊肉……200克
洋葱末……少许
蒜末……少许
葱末……少许

调料

盐……2克
味精……2克
白糖……5克
甜面酱……适量
蚝油……适量
料酒……适量
食用油……适量

烹饪时间 10分钟	难易度 ★★☆	适用人数 2人

做法

1 菠菜两端修齐整，里脊肉切碎，剁成肉末。

2 锅中加适量清水烧开，加油、盐拌匀，放入菠菜，焯水约1分钟，将焯煮好的菠菜捞出装盘。

3 用油起锅，放入蒜末、葱末、洋葱末炒香，倒入肉末，加料酒炒约1分钟至熟。

4 加甜面酱、蚝油炒匀，加盐、味精、白糖，拌炒至入味，将肉末盛在菠菜上即可。

配汤 菊花鱼片

材料 草鱼肉500克，莴笋200克，高汤200毫升，姜片、葱段、菊花各少许
调料 盐4克，鸡粉3克，水淀粉4毫升，食用油适量

做法

①洗净去皮的莴笋切片；处理干净的草鱼肉切成双飞鱼片，加盐、水淀粉，拌匀腌渍。

②热锅中注油，倒入姜片、葱段，爆香，倒入少许清水，倒入高汤，煮开。倒入莴笋片、少许盐、鸡粉，倒入鱼片、菊花，稍煮至鱼肉熟透，盛出装入碗中即可。

无肉不欢的你,大口吃肉吧!

芝士焗香菇&
芦笋洋葱酱汤

 主菜 芝士焗香菇

烹饪时间
10分钟

难易度
★★★

适用人数
2人

材料

鲜香菇……200克
猪肉馅……110克
洋葱……40克
去皮胡萝卜……100克
芹菜……20克
马苏里拉奶酪碎……40克

调料

盐……3克
胡椒粉……3克
料酒……3毫升
食用油……适量
黄油……35克

扫一扫学烹饪

做法

1 洗净的胡萝卜切片，洗净的洋葱切成碎，洗净的芹菜切成碎，待用。

2 洗净的香菇去蒂，待用。

3 热锅放入黄油炒熔，放入洋葱，爆香，放入猪肉馅，炒香。

4 注入料酒、盐、胡椒粉，炒匀，捞起放入碗中，待用。

5 烤盘上铺上锡纸，刷上一层油，放入胡萝卜。

6 胡萝卜上面放入香菇、猪肉馅、芹菜、奶酪碎。

7 将烤盘放入烤箱，关闭烤箱门，温度设置为200℃，调上下火加热，烤8分钟至熟。

8 待时间到，打开烤箱，取出烤盘，将食材放入盘中即可食用。

配汤 **芦笋洋葱酱汤**

材料 白洋葱丝30克，芦笋20克，鸡胸肉30克
调料 东北大酱10克

做法

①洗净的鸡胸肉斜刀切薄片，洗净的芦笋切成等长段，东北大酱中倒入清水，拌匀。

②往碗中倒入白洋葱、芦笋、鸡胸肉、东北大酱，注入150毫升的清水，用保鲜膜封严。

③备好微波炉，放入食材，加热3分钟，取出，撕开保鲜膜即可。

无肉不欢的你，大口吃肉吧！

猪肉蛋羹&
牛肉蔬菜汤

 主菜　**猪肉蛋羹**

 烹饪时间
10分钟

 难易度
★☆☆

适用人数
2人

材料

猪瘦肉……25克
鸡蛋……2个
葱……少许

调料

盐……2克
芝麻油……适量

做法

1 将猪瘦肉洗净，剁成肉末。

2 将葱洗净切末。

3 将鸡蛋磕入碗内，搅匀成蛋液。

4 加入葱末。

5 加入猪瘦肉末。

6 加入盐、适量清水搅匀。

7 入蒸锅，以小火蒸9分钟。

8 取出，淋上芝麻油即成。

配汤 牛肉蔬菜汤

| 材料 | 土豆150克，洋葱150克，番茄100克，牛肉200克，蒜末、葱段各少许 |
| 调料 | 盐、鸡粉各3克，料酒10毫升，水淀粉适量 |

做法

①洗好的番茄切片；洗净去皮的土豆切片；洗好的洋葱切块；洗净的牛肉切片，加盐、鸡粉、料酒、水淀粉，拌匀腌渍。

②沸水锅中倒入土豆、洋葱，煮2分钟，加入葱段、蒜末、番茄，拌匀，加入牛肉，煮2分钟，加入盐、鸡粉，拌匀即可。

无肉不欢的你，大口吃肉吧！

大葱肉末木耳&
鸭血鲫鱼汤

 主菜　大葱肉末木耳

烹饪时间
10分钟

难易度
★★☆

适用人数
1人

材料

水发木耳……150克
猪肉……100克
大葱……100克
青尖椒……1个
红尖椒……1个
姜……适量

调料

盐……2克
酱油……5毫升
蚝油……2克
水淀粉……适量
花生油……适量

做法

1 水发木耳洗净，撕成片，下开水锅焯一下，捞出。

2 青尖椒、红尖椒洗净，去籽，切末。

3 大葱切片，姜切片，猪肉切末。

4 炒锅注花生油烧热，下入大葱片、姜片爆香。

5 加入猪肉末炒香。

6 加木耳片、酱油、盐、蚝油烧片刻。

7 用水淀粉勾芡。

8 加入青尖椒末、红尖椒末略炒即成。

（配汤）**鸭血鲫鱼汤**

材料 鲫鱼400克，鸭血片150克，姜末、葱花各少许
调料 盐2克，水淀粉4毫升，食用油适量

做法

①将处理干净的鲫鱼剖开，切去鱼头，去除鱼骨，片下鱼肉，加盐、水淀粉拌匀。

②锅中注水烧开，加入少许盐、姜末，放入鸭血，加入适量食用油，搅拌匀。

③放入腌好的鱼肉，煮至熟透，撇去浮沫，盛出，装入碗中，撒上葱花即可。

无肉不欢的你，大口吃肉吧！

鱼香肉丝&
白萝卜紫菜汤

 主菜　**鱼香肉丝**

烹饪时间	难易度	适用人数
10分钟	★★☆	2人

扫一扫学烹饪

材料	调料	
猪里脊肉…200克	白糖…10克	蛋清…10毫升
木耳…24克	盐…10克	豆瓣酱…30克
竹笋…100克	淀粉…10克	老抽…少许
胡萝卜…120克	生抽…10毫升	辣椒油…少许
葱段…35克	陈醋…10毫升	食用油…适量
蒜末…30克	料酒…10毫升	淀粉…少许
姜末…30克		
香菜…少许		

做法

1 猪肉切丝，加入盐、淀粉、料酒、蛋清、食用油拌匀；胡萝卜、木耳、竹笋切成丝。

2 竹笋丝在沸水中焯煮5分钟。

3 沸水中，放入盐、食用油，倒入胡萝卜丝、木耳丝焯煮至断生，捞出放入凉水中。

4 锅中注油烧至四成热，倒入肉丝，油炸至白色，盛出。

5 热锅注油，放入姜末、蒜末、豆瓣酱炒香。

6 倒入肉丝，放入白糖、生抽、老抽炒匀入味。

7 放入竹笋丝、胡萝卜丝、木耳丝，加入适量盐炒匀。

8 淀粉中倒入清水，加入辣椒油、陈醋调汁勾芡，盛出，撒葱段、香菜即可食用。

（配汤） **白萝卜紫菜汤**

材料	白萝卜200克，水发紫菜50克，陈皮10克，姜片少许
调料	盐2克，鸡粉2克

做法

①洗净去皮的白萝卜切成丝，洗净泡软的陈皮切成丝。

②锅中注水烧热，放入姜片、陈皮，搅匀，煮至沸腾，再倒入白萝卜丝、紫菜，搅拌均匀，煮约2分钟至熟。

③加入盐、鸡粉，搅拌片刻即可。

西芹炒核桃仁&
苹果红枣鲫鱼汤

西芹炒核桃仁

烹饪时间 10分钟	难易度 ★★★	适用人数 1人

材料

西芹……100克
猪瘦肉……140克
核桃仁……30克
枸杞……少许
姜片……少许
葱段……少许

调料

盐……4克
鸡粉……2克
水淀粉……3毫升
料酒……8毫升
食用油……适量

做法

1 洗净的西芹切成段，洗好的猪瘦肉切丁，加入少许盐、鸡粉、水淀粉，搅拌匀，倒入食用油，腌渍。

2 锅中注水烧开，加入少许食用油、盐，倒入西芹，搅散，煮1分钟后捞出，沥干水分。

3 热锅注油，烧热，放入核桃仁，改小火，核桃仁炸出香味后捞出。

4 锅留油，倒肉丁炒变色，淋入料酒，放入姜葱、西芹、枸杞、核桃仁炒匀，加入适量盐、鸡粉炒匀即可。

苹果红枣鲫鱼汤

材料 鲫鱼500克，去皮苹果200克，红枣20克，香菜叶少许
调料 盐3克，胡椒粉2克，水淀粉、料酒、食用油各适量

做法

①洗净的苹果去核，切成块；往鲫鱼身上加上盐，涂抹均匀，淋入料酒，腌渍片刻。
②用油起锅，放入鲫鱼，煎2分钟。
③注入清水，倒入红枣、苹果，煮开，加入盐，拌匀，煮至入味，加入胡椒粉、水淀粉，拌匀，盛出，放上香菜叶即可。

锅包肉&
什锦蔬菜汤

主菜 锅包肉

🕐 烹饪时间
10分钟

难易度
★★☆

适用人数
2人

材料
猪瘦肉……600克
蛋黄……1个
蒜末……少许
葱花……少许

调料
盐……4克
鸡粉……2克
陈醋……4毫升
白糖……3克
番茄酱……15克
水淀粉……5毫升
淀粉……适量
食用油……适量

做法

1 碗中倒适量清水、陈醋、白糖、盐和番茄酱，搅拌均匀，调成酱汁。

2 猪瘦肉切成薄片，用刀背拍打肉片，装碗，加盐、鸡粉、蛋黄拌匀，腌渍，撒上淀粉，裹匀，放入盘。

3 锅中倒油烧热，放入腌好的肉片，炸2分钟至熟，捞出，沥干油。

4 用油起锅，放入葱花、蒜末，爆香，倒入酱汁，煮沸，倒入适量水淀粉，炒匀，放入肉片，炒均匀盛出即可。

配汤 什锦蔬菜汤

材料 白萝卜100克，番茄50克，葱花5克，黄豆芽15克
调料 盐2克，鸡粉2克，食用油适量

做法
①洗净白萝卜切丁，洗净的番茄切片。
②取一个杯子，放入白萝卜、番茄、黄豆芽、适量清水，放入盐、食用油、鸡粉，搅拌匀，用保鲜膜将杯口盖住。
③电蒸锅注水烧开，放入杯子，蒸15分钟，取出，撒上葱花即可。

无肉不欢的你，大口吃肉吧！

腊肉炒苋菜&
鲫鱼苦瓜汤

主菜 腊肉炒苋菜

烹饪时间 10分钟	难易度 ★★☆	适用人数 2人

材料

苋菜……250克
腊肉……100克

调料

盐……3克
鸡精……1克
料酒……3毫升
食用油……适量

做法

1 腊肉洗净，加料酒蒸8分钟，放凉切片。

2 苋菜去除根、老叶，洗净，切成长段。

3 炒锅注入食用油烧热，放入苋菜段，加入盐、鸡精，煸炒至入味。

4 放入腊肉片煸炒至熟，盛出装盘即可。

配汤 鲫鱼苦瓜汤

材料 净鲫鱼200克，苦瓜150克，姜片少许
调料 盐2克，鸡粉少许，料酒3毫升，食用油适量

做法

①将洗净的苦瓜对半切开，去瓤，再切成片，待用。

②用油起锅，放入姜片，爆香，再放入鲫鱼，煎至两面断生。

③淋上料酒，再注入适量清水，加入鸡粉、盐，放入苦瓜片，煮4分钟即可。

无肉不欢的你，大口吃肉吧！

藕片荷兰豆炒培根&
双菇玉米菠菜汤

 主菜　**藕片荷兰豆炒培根**

烹饪时间	难易度	适用人数
8分钟	★★☆	2人

材料

莲藕……200克
荷兰豆……120克
彩椒……15克
培根……50克

调料

盐……3克
白糖……少许
鸡粉……少许
料酒……3毫升
水淀粉……适量
食用油……适量

扫一扫学烹饪

做法

1 荷兰豆洗净，莲藕切薄片，彩椒切条形，培根切小片。

2 锅中注水烧开，倒入培根片略煮后，捞出沥干，待用。

3 沸水锅中再倒入藕片，拌匀，略煮一会儿。

4 放入荷兰豆，加入少许盐、食用油，拌匀，再倒入彩椒，拌匀，煮至材料断生，捞出焯煮好的材料，沥干。

5 用油起锅，倒入汆过水的培根，炒匀，淋入料酒，炒出香味。

6 放入焯过水的材料，炒透。

7 加入少许盐、白糖、鸡粉炒匀调味，倒入适量水淀粉。

8 用中火炒匀，至食材入味，关火后盛出，装盘即成。

配汤 双菇玉米菠菜汤

材料 香菇80克，金针菇80克，菠菜50克，玉米段60克，姜片少许
调料 盐2克，鸡粉3克

做法

①锅中注水烧开，放入洗净切块的香菇、玉米段和姜片，拌匀。

②煮约10分钟至食材断生，倒入洗净的菠菜和金针菇，拌匀。

③加盐、鸡粉，拌匀调味，用中火煮约2分钟，装入碗中即可。

无肉不欢的你，大口吃肉吧！

麻辣猪肝&
卷心菜豆腐蛋汤

 主菜 麻辣猪肝

烹饪时间	难易度	适用人数
9分钟	★☆☆	2人

材料

猪肝……200克
炸花生米……75克
花椒……适量
干辣椒……适量
葱……适量
姜……适量
蒜……适量

调料

盐……2克
白糖……1克
料酒……3毫升
酱油……5毫升
淀粉……适量
醋……适量
食用油……适量

做法

1 将猪肝洗净，加入盐、料酒，加入淀粉略腌。

2 将腌好的猪肝切成片。

3 葱、姜、蒜分别切成片，干辣椒切节。

4 将白糖、淀粉、料酒、酱油和水调成味汁。

5 炒锅注油烧热，放入干辣椒节、花椒炸至黑紫色。

6 放入猪肝片炒透。

7 加葱片、姜片、蒜片炒香。

8 倒入味汁、醋烧开，加入炸花生米，略炒即成。

（配汤）卷心菜豆腐蛋汤

材料 卷心菜60克，豆腐、蛋液、去皮胡萝卜、茼蒿叶、大葱丁、香菇、木鱼花各适量

调料 盐2克，生抽5毫升

做法

①洗净的卷心菜切块，胡萝卜切圆片，洗净的豆腐切片；洗净的香菇去柄，切块。

②锅中注水烧开，放入香菇块、胡萝卜片、豆腐片、卷心菜块、大葱丁，搅匀，煮1分钟。

③加入盐、生抽搅匀，倒入蛋液，搅匀成蛋花，盛出，放上茼蒿叶、木鱼花即可。

无肉不欢的你，大口吃肉吧！

家常腊猪耳&
丝瓜虾皮瘦肉汤

主菜 家常腊猪耳

烹饪时间
10分钟

难易度
★★☆

适用人数
2人

材料

腊猪耳……200克
蒜苗……65克
红椒……70克
干辣椒……20克
姜片……少许
蒜末……少许

调料

五香粉……2克
料酒……4毫升
生抽……5毫升
盐……适量
鸡粉……适量
白糖……适量
食用油……适量

做法

1 择洗好的蒜苗切条，再斜刀切段；洗净的红椒切开，去籽，切成小块。

2 锅中注入适量的清水大火烧开，倒入腊猪耳，汆煮片刻，去除多余盐分。

3 将腊猪耳捞出，沥干水分，待用。

4 用油起锅，倒入干辣椒、姜片、蒜末，爆香。

5 倒入红椒、腊猪耳，翻炒均匀。

6 淋入料酒、生抽，快速翻炒均匀。

7 加入盐、鸡粉、白糖、五香粉。

8 放入蒜苗，翻炒均匀调味，关火后将炒好的菜肴盛出装入盘中即可。

配汤 丝瓜虾皮瘦肉汤

材料 去皮丝瓜180克，瘦肉200克，蛋液30毫升，虾皮25克，姜片少许
调料 盐2克，鸡粉、胡椒粉各3克，料酒、芝麻油各5毫升，水淀粉适量

做法

①洗净去皮的丝瓜切片；瘦肉切丝，加入适量盐、胡椒粉、料酒、水淀粉腌渍。

②锅中注水烧开，倒入姜片、丝瓜、瘦肉丝、虾皮，拌匀，加入盐、鸡粉。

③倒入蛋液，煮约3分钟至蛋液呈花状，关火后淋入芝麻油，拌入味即可。

肉末尖椒烩猪血&
玉米番茄杂蔬汤

肉末尖椒烩猪血

烹饪时间 8分钟	难易度 ★★☆	适用人数 2人

材料

猪血……300克
青椒……30克
红椒……25克
肉末……100克
姜片……少许
葱花……少许

调料

盐……2克
生抽……适量
陈醋……适量
水淀粉……适量
胡椒粉……适量
食用油……适量

做法

1 将洗净的红椒切成圈状，洗好的青椒切块；将处理好的猪血横刀切开，切成粗条。

2 锅中注水烧开，倒入猪血，加入盐汆煮片刻，将汆煮好的猪血捞出，装入碗中备用。

3 用油起锅，倒入肉末，炒匀，加入姜片、少许清水，放入青椒、红椒、猪血、盐、生抽、陈醋，炖3分钟。

4 撒上胡椒粉拌匀，炖约1分钟，倒水淀粉拌匀，关火，将炖好的菜肴盛出装入盘中，撒上葱花即可。

配汤 玉米番茄杂蔬汤

材料 胡萝卜块60克，番茄60克，玉米段、芹菜段、洋葱块、莴笋块、高汤各适量
调料 盐、鸡粉各2克

做法

①砂锅中注入高汤烧开，放入莴笋块、玉米段、胡萝卜块，放入切块的番茄搅匀，煮约6分钟至食材断生。

②打开锅盖，放入芹菜段和洋葱块，拌匀，加鸡粉、盐，拌匀调味，用大火煮约2分钟至食材熟透，盛出即可。

无肉不欢的你，大口吃肉吧！

榨菜蒸猪心&
金针菇蔬菜汤

 主菜　榨菜蒸猪心

 烹饪时间
10分钟

 难易度
★★☆

适用人数
2人

材料		调料	
猪心……120克		盐……3克	
榨菜……100克		料酒……5毫升	
姜末……少许		鸡粉……2克	
葱花……少许		白胡椒粉……适量	
		食用油……适量	
		淀粉……20克	

做法

1 备好的榨菜切片，再切条，放入清水中浸泡。

2 处理干净的猪心切成均匀的片，待用。

3 将猪心装入碗中，放入盐、料酒、鸡粉，加入白胡椒粉，搅拌匀，再倒入淀粉，充分拌匀，腌渍。

4 将浸泡好的榨菜捞出，沥干水分，摆入盘中。

5 放上腌渍好的猪心，撒上姜末。

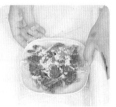

6 淋上食用油，用保鲜膜将其盖住，待用。

7 电蒸锅注水烧开，放入食材，盖上锅盖，蒸10分钟。

8 取出，去除保鲜膜，撒上葱花即可。

（配汤）**金针菇蔬菜汤**

材料	金针菇30克，香菇10克，上海青20克，胡萝卜50克，鸡汤300毫升
调料	盐2克，鸡粉3克，胡椒粉适量

做法

①洗净的上海青切成小瓣，洗好去皮的胡萝卜切片，洗净的金针菇切去根部。

②砂锅中注水，倒入鸡汤，煮至沸。

③揭盖，倒入金针菇、香菇、胡萝卜，拌匀，续煮8分钟，倒入上海青，加入盐、鸡粉、胡椒粉，拌匀即可。

杏鲍菇炒牛肉丝&
白玉菇花蛤汤

杏鲍菇炒牛肉丝

烹饪时间 10分钟	难易度 ★★★	适用人数 2人

材料

杏鲍菇……110克
牛肉……230克
圆椒……80克
姜片……10克
葱段……10克
蒜末……10克

调料

料酒……8毫升
生抽……8毫升
盐……3克
鸡粉……2克
水淀粉……4毫升
食用油……适量
白糖……适量

做法

1 洗净的杏鲍菇切段，洗净的圆椒切条；牛肉切丝，加入适量料酒、盐、生抽拌匀，加入水淀粉腌渍。

2 锅中注水烧开，倒入杏鲍菇，焯煮断生后将其捞出，沥干水分，倒入牛肉，余煮至转色，捞出，沥干水分。

3 热锅注油烧热，倒入葱段、姜片、蒜末，爆香，倒入牛肉丝，快速翻炒至转色。

4 倒入杏鲍菇、圆椒，翻炒均匀，加入料酒、生抽，炒匀，加入盐、鸡粉、白糖，翻炒调味即可。

 白玉菇花蛤汤

材料 白玉菇90克，花蛤260克，荷兰豆70克，胡萝卜40克，姜片、葱花各少许
调料 盐2克，鸡粉2克，食用油适量

做法

①洗净的白玉菇切段；洗净去皮的胡萝卜切上花刀，改切成片。
②将花蛤逐一切开，用清水清洗干净。
③锅中注水烧开，放入姜片、花蛤、白玉菇，煮2分钟，放入盐、鸡粉、食用油、胡萝卜片、荷兰豆，煮1分钟，撒上葱花即可。

牛肉粒炒河粉&
消暑豆芽冬瓜汤

主菜 # 牛肉粒炒河粉

烹饪时间 8分钟	难易度 ★★☆	适用人数 2人

材料

河粉……120克
牛肉……90克
韭菜……20克
豆芽……30克
小白菜……10克
洋葱丁……20克
白芝麻……5克
蒜片……少许
彩椒……20克

调料

盐……2克
鸡粉……3克
生抽……10毫升
料酒……5毫升
老抽……5毫升
食粉……适量
食用油……适量
水淀粉……适量

做法

1 洗净的小白菜切段，处理好的韭菜切小段；洗净的牛肉横刀切开，切条，再切成丁；洗好的彩椒切成丁。

2 牛肉加生抽、料酒、食粉、水淀粉拌匀，加入食用油，腌渍。热锅注油烧热，倒入牛肉，炸片刻捞出。

3 锅中留油，倒入蒜片、洋葱，爆香，放入豆芽、河粉，拌匀，加入盐、鸡粉、生抽、老抽，炒约3分钟至熟。

4 倒入小白菜、彩椒、韭菜、牛肉，炒匀至入味，盛出装入盘中，撒上白芝麻即可。

 配汤 # 消暑豆芽冬瓜汤

材料 冬瓜块100克，绿豆芽70克，高汤适量，姜片、葱花各少许
调料 食用油适量

做法

①热锅注油烧热，放入姜片，倒入冬瓜块，炒香。
②加入备好的高汤，用中火煮约8分钟至食材熟透。
③放入洗净的绿豆芽，拌匀，稍煮片刻，盛出煮好的汤料，撒上葱花即可。

无肉不欢的你，大口吃肉吧！

西芹湖南椒炒牛肚&
苦瓜菊花汤

主菜 西芹湖南椒炒牛肚

烹饪时间
10分钟

难易度
★★☆

适用人数
2人

材料

熟牛肚……200克
湖南椒……80克
西芹……110克
朝天椒……30克
姜片……少许
蒜末……少许
葱段……少许

调料

盐……2克
鸡粉……2克
料酒……5毫升
生抽……5毫升
芝麻油……5毫升
食用油……适量

做法

1 洗净的湖南椒切小块；洗好的西芹切小段；洗净的朝天椒切圈；熟牛肚切粗条。

2 用油起锅，爆香朝天椒、姜片，放入牛肚、蒜末、湖南椒、西芹段，炒匀。

3 加入料酒、生抽，注入清水，加入盐、鸡粉，加入芝麻油，炒匀。

4 放入葱段，翻炒至入味，关火后盛出炒好的菜肴，装入盘中即可。

配汤 苦瓜菊花汤

材料 苦瓜500克，菊花2克

做法

①将苦瓜去瓜瓤，斜刀切块。

②砂锅中注入适量的清水大火烧开，倒入苦瓜，搅拌片刻，倒入菊花。

③搅拌片刻，煮开后略煮一会儿至食材熟透，关火，将煮好的汤盛出装入碗中即可食用。

无肉不欢的你, 大口吃肉吧!

孜然羊肚&
木耳鱿鱼汤

 主菜　孜然羊肚

 烹饪时间
8分钟

 难易度
★★☆

 适用人数
2人

材料

熟羊肚……200克
青椒……25克
红椒……25克
姜片……少许
蒜末……少许
葱段……少许

调料

孜然粒……2克
盐……2克
生抽……5毫升
料酒……10毫升
食用油……适量

扫一扫学烹饪

做法

1 将羊肚切成条状，红椒切成粒，洗净的青椒切成粒。

2 锅中注入适量清水烧开，倒入羊肚，煮半分钟，汆去杂质。

3 将煮好的羊肚捞出，沥干水分。

4 用油起锅，倒入姜片、蒜末、葱段，爆香。

5 放入青椒、红椒，快速翻炒均匀。

6 倒入羊肚，翻炒片刻，淋入料酒，翻炒匀。

7 放入少许盐、生抽，翻炒匀，加入少许孜然粒，翻炒出香味。

8 盛出炒好的羊肚，装入盘中即可。

（配汤） # 木耳鱿鱼汤

材料	鱿鱼80克，金华火腿片、番茄片、水发木耳、鸡汤、姜片、葱段各少许
调料	盐2克，胡椒粉1克，陈醋、料酒、水淀粉各5毫升，芝麻油少许

做法

①洗净的鱿鱼打上花刀，切成小块。

②锅置火上，倒入鸡汤、姜片、葱段、火腿片、鱿鱼、木耳、淋入料酒，煮4分钟。

③放入番茄片，加入盐、胡椒粉、陈醋、水淀粉，稍煮片刻至食材完全入味，盛出，淋上芝麻油即可。

无肉不欢的你，大口吃肉吧！

青椒炒鸡丝&
番茄豆芽汤

 主菜 青椒炒鸡丝

烹饪时间
8分钟

难易度
★★☆

适用人数
1人

材料

鸡胸肉……150克
青椒……55克
红椒……25克
姜丝……少许
蒜末……少许

调料

盐……2克
鸡粉……3克
豆瓣酱……5克
料酒……适量
水淀粉……适量
食用油……适量

扫一扫学烹饪

做法

1 将洗净的红椒、青椒均对半切开，去籽，切成丝。

2 洗净的鸡胸肉切片，切成丝，装入碗中，放入少许盐、鸡粉、水淀粉，抓匀，加入适量食用油，腌渍。

3 锅中注入适量清水烧开，加入适量食用油，放入红椒、青椒，煮半分钟至其七成熟。

4 将焯煮好的青椒、红椒捞出，装盘。

5 用油起锅，放入姜丝、蒜末，爆香，倒入鸡肉丝，翻炒松散，至其变色。

6 放入青椒、红椒，拌炒匀。

7 加入豆瓣酱、盐、鸡粉、料酒，翻炒均匀。

8 把炒好的材料盛出，装入碗中，即可。

配汤 番茄豆芽汤

材料 番茄50克，绿豆芽15克
调料 盐2克

做法

①洗净的番茄切成瓣，待用。

②砂锅中注入适量的清水，大火烧热。

③倒入番茄、绿豆芽，加入少许盐。

④搅拌匀，略煮一会儿至食材入味，关火后将煮好的汤料盛入碗中即可。

香辣宫爆鸡丁&
节瓜番茄汤

主菜 香辣宫爆鸡丁

| 烹饪时间 10分钟 | 难易度 ★★☆ | 适用人数 2人 |

材料

鸡胸肉…250克
花生米…30克
干辣椒…30克
黄瓜…60克
葱段…少许
姜片…少许
蒜末…少许

调料

盐…3克　　　生抽…适量
鸡粉…4克　　料酒…适量
白糖…3克　　白胡椒粉…适量
陈醋…适量　　辣椒油…适量
水淀粉…适量　食用油…适量
淀粉…15克

做法

1 洗净的黄瓜切丁，鸡胸肉切丁，放入盐、鸡粉、白胡椒粉，淋入适量料酒，加入淀粉，拌匀腌渍。

2 热锅注入适量食用油，烧至六成热，放入鸡丁，搅拌，倒入黄瓜，将食材滑油后捞出，沥干油分，待用。

3 热锅注油烧热，爆香姜片、蒜末、干辣椒，放入鸡丁和黄瓜，炒匀，淋入料酒、生抽，快速翻炒匀。

4 放入盐、鸡粉、白糖、陈醋，炒入味，注入水淀粉炒匀，倒入葱段、花生米、辣椒油，炒匀即可。

 配汤 节瓜番茄汤

| **材料** | 节瓜200克，番茄140克，葱花少许 |
| **调料** | 盐2克，鸡粉少许，芝麻油适量 |

做法

①将洗好的节瓜切开，去除瓜瓤，再改切段；洗净的番茄切开，再切小瓣。

②锅中注水烧开，倒入切好的节瓜、番茄，搅拌匀，用大火煮约4分钟，至食材熟软。

③加入少许盐、鸡粉，注入适量芝麻油，拌匀、略煮，盛出，撒上葱花即可。

无肉不欢的你，大口吃肉吧！

芝麻炸鸡肝&
翠衣冬瓜葫芦汤

主菜 芝麻炸鸡肝

烹饪时间 10分钟	难易度 ★★☆	适用人数 1人

材料

鸡肝……150克
鸡蛋……1个
莴笋……50克
面粉……适量
小番茄……适量

调料

盐……2克
黑芝麻……适量
花生油……适量

做法

1 鸡蛋打入碗中搅匀。鸡肝洗净，放入加盐的水中浸泡，捞出鸡肝放入碗中，加面粉、鸡蛋液、盐上浆。

2 将小番茄洗净，切块；莴笋切成菱形块。

3 炒锅注入花生油烧至七成热，加入鸡肝炸至金黄色，捞出沥油。

4 莴笋放入开水锅中焯水，捞出备用。用莴笋块、小番茄装饰入盘，撒入黑芝麻即可。

配汤 **翠衣冬瓜葫芦汤**

材料 西瓜片80克，葫芦瓜90克，冬瓜100克，红枣5克，姜片少许
调料 盐2克，料酒4毫升，食用油适量

做法

①洗净的葫芦瓜切片；处理好的西瓜片切小块；洗净去皮的冬瓜切块，切成片。

②用油起锅，放入姜片，爆香，淋入料酒，注入适量的清水烧开。

③倒入西瓜块、红枣，加入葫芦瓜、冬瓜，拌匀，煮2分钟，放入盐，拌入味即可。

菠萝炒鸭片&
百合玉竹苹果汤

主菜 **菠萝炒鸭片**

烹饪时间	难易度	适用人数
8分钟	★★★	2人

材料

去骨鸭肉……300克
去皮菠萝……150克
子姜……50克
葱段……少许
蒜末……少许
鸡蛋清……40克
朝天椒……20克

调料

料酒……5毫升
生抽……5毫升
盐……6克
白胡椒粉……3克
水淀粉……10毫升
食用油……适量

做法

1 洗净的子姜切片，菠萝对半切开，切去梗部，将菠萝肉切成厚片；洗净的朝天椒切圈。

2 将鸭肉切成薄片，加入适量盐、料酒，放入白胡椒粉、鸡蛋清、水淀粉，拌匀腌渍。

3 热锅注入适量油，烧至四成热，倒入鸭肉片，划散，油炸至转色，捞出，放入盘中，待用。

4 另起锅注油烧热，爆香子姜、朝天椒圈、蒜葱，倒入鸭肉片，加入料酒、盐、生抽、菠萝片，拌入味即可。

配汤 **百合玉竹苹果汤**

材料	干百合10克，玉竹12克，陈皮7克，红枣8克，苹果150克，姜丝少许
调料	白糖适量

做法

①洗净的苹果切开去核，切成片。

②锅中注入适量的清水大火烧开，倒入备好的药材、姜丝，搅拌匀。

③盖上锅盖，烧开后转小火煮10分钟至析出药性，掀开锅盖，放入苹果，搅拌匀，放入白糖，煮至入味即可。

无肉不欢的你，大口吃肉吧！

韭菜花酸豆角炒鸭胗
&番茄蛋汤

主菜 韭菜花酸豆角炒鸭胗

烹饪时间
8分钟

难易度
★☆☆

适用人数
2人

材料

鸭胗……150克
酸豆角……110克
韭菜花……105克
油炸花生米……70克
干辣椒……20克

调料

料酒……10毫升
生抽……5毫升
盐……2克
鸡粉……2克
辣椒油……5毫升
食用油……适量

扫一扫学烹饪

114

做法

1 择洗好的韭菜花切小段，洗净的酸豆角切成小段，油炸花生米用刀面拍碎。

2 处理好的鸭胗切片，切条，再切粒，备用。

3 锅中注入适量清水大火烧开，倒入鸭胗，淋入料酒，汆煮片刻。

4 将鸭胗捞出，沥干水分，待用。

5 热锅注油烧热，倒入干辣椒，翻炒爆香。

6 倒入鸭胗、酸豆角，翻炒均匀。

7 淋入少许料酒、生抽，倒入花生碎、韭菜花，翻炒匀。

8 加入少许盐、鸡粉、辣椒油，炒匀调味，关火，将炒好的菜盛出装入盘中即可。

（配汤）**番茄蛋汤**

材料	番茄120克，蛋液50克，高汤适量，葱花少许
调料	鸡粉、盐、胡椒粉各2克

做法

①锅中注入高汤烧开，放入洗净切块的番茄，开大火煮约1分钟。

②加少许鸡粉、盐、胡椒粉，拌匀调味。

③倒入打散拌匀的蛋液，边倒边搅拌。

④用小火略煮片刻，至蛋花成形，盛出，装入碗中，撒上葱花即可。

时蔬鸭血&
小白菜蛤蜊汤

主菜 **时蔬鸭血**

烹饪时间	难易度	适用人数
9分钟	★★☆	2人

材料

鸭血……300克
去皮胡萝卜……50克
黄瓜……60克
水发黑木耳……40克
蒜末……少许
葱段……少许
姜片……少许

调料

生抽……5毫升
料酒……5毫升
芝麻油……5毫升
水淀粉……5毫升
盐……3克
鸡粉……3克
食用油……适量

做法

1 洗净的黄瓜对半切开，斜刀切段，切成片。胡萝卜对半切开，斜刀切段，改切成片。鸭血切成厚片。

2 沸水锅中倒入鸭血，氽煮2分钟，去除血腥味，将氽煮好的鸭血盛入盘中待用。

3 热锅注油烧热，倒入葱段、姜片、蒜末爆香，倒入黑木耳、鸭血、胡萝卜，拌匀。

4 加入生抽、料酒，炒匀，倒入黄瓜，注入50毫升清水，加入盐、鸡粉、水淀粉、芝麻油，拌匀至入味即可。

配汤 **小白菜蛤蜊汤**

材料	小白菜段60克，蛤蜊肉80克，水发粉丝30克，姜片少许
调料	鸡粉、盐、胡椒粉各2克，料酒4毫升，三花淡奶少许，食用油适量

做法

①锅中注油，放入姜片，爆香，倒入蛤蜊肉，翻炒均匀，淋入料酒，炒匀。
②向锅中加入适量清水，拌匀，煮2分钟。
③放入粉丝，拌匀，加入鸡粉、盐、胡椒粉，拌匀，倒入切好的小白菜，煮至熟软，加入少许三花淡奶，拌匀盛出即可。

Chapter 5

江河湖海，
鲜得停不下来

江河湖海中的美味数之不尽，
各种鱼、虾、蟹、贝，
不管蒸、焖、炖、煮，
都可以带给我们绝美味蕾享受。
要知道，这样美味的菜肴，
瞬间就可以"鲜掉眉毛"呢！

花样水产美味，让你鲜掉眉毛！

剁椒鱼头&
家常三鲜豆腐汤

 主菜 **剁椒鱼头**

烹饪时间	难易度	适用人数
10分钟	★★☆	2人

扫一扫学烹饪

材料

鲢鱼头……450克
剁椒……130克
葱花……适量
葱段……适量
蒜末……适量
姜末……适量
姜片……适量

调料

盐……2克
味精……适量
蒸鱼豉油……适量
料酒……适量
食用油……适量

做法

1 鱼头洗净，切成相连的两半，且在鱼肉上划上一字刀，用适量料酒抹匀鱼头，鱼头内侧再抹上盐和味精。

2 将剁椒、姜末、蒜末装碗，加盐、味精，与剁椒抓匀。

3 将调好的剁椒铺在鱼头上。

4 鱼头翻面，再铺上剁椒，再放上葱段和姜片腌渍入味。

5 蒸锅注水烧开，放入鱼头。

6 加盖，大火蒸约10分钟至熟透。

7 揭盖，取出蒸熟的鱼头，挑去姜片和葱段，淋上蒸鱼豉油，撒上葱花。

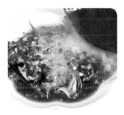

8 另起锅，倒入少许油烧热，将热油浇在鱼头上即可。

配汤 家常三鲜豆腐汤

材料　胡萝卜片50克，豆腐块150克，上海青45克，香菇、虾米各少许
调料　盐、鸡粉各3克，胡椒粉2克，料酒、食用油各适量

做法

①锅中注水烧开，加入盐、豆腐块，煮约1分钟，捞出，装盘备用。

②热锅中注油，放入虾米、香菇，炒香，加入清水、胡萝卜、豆腐，拌匀。

③加入少许盐、鸡粉、适量料酒，煮沸，倒入上海青，加入胡椒粉，煮1分钟即可。

花样水产美味，让你鲜掉眉毛！

芹酥鲫鱼&
丝瓜虾皮猪肝汤

 主菜　芹酥鲫鱼

烹饪时间 10分钟	难易度 ★★☆	适用人数 2人

材料

鲫鱼……500克
芹菜……100克
葱……适量
姜……适量
蒜……适量
花椒……适量
八角……适量

调料

盐……3克
白糖……1克
酱油……3毫升
醋……适量
食用油……适量
水淀粉……适量
花生油……适量

做法

1 鲫鱼宰杀后去内脏，洗净、沥干。

2 炒锅注花生油烧六成热，放入鲫鱼炸黄，捞出沥油。

3 葱、姜、蒜分别去皮洗净，切末；芹菜洗净，切段。

4 锅内注食用油烧热，下入葱末、姜末、蒜末爆香。

5 下入花椒、八角爆锅，添入适量水。

6 放入芹菜段、鲫鱼。

7 加入盐、白糖，加入酱油、醋。

8 加入水淀粉，大火煮开，转小火焖至汁干、鱼骨酥烂时，装盘即可。

（配汤）**丝瓜虾皮猪肝汤**

材料 丝瓜90克，猪肝85克，虾皮12克，姜丝、葱花各少许
调料 盐3克，鸡粉3克，水淀粉2毫升，食用油适量

做法

①去皮的丝瓜切片；洗好的猪肝切成片，加少许盐、鸡粉、水淀粉、食用油腌渍。

②锅中注油烧热，爆香姜丝，放入虾皮，炒香，倒入适量清水，煮沸，倒入丝瓜，加入盐、鸡粉，拌匀后放入猪肝，煮至沸腾，撒上葱花即可。

花样水产美味，让你鲜掉眉毛！

滑熘鱼片&
裙带菜鸭血汤

 主菜　**滑熘鱼片**

 烹饪时间
8分钟

 难易度
★★☆

 适用人数
1人

材料

草鱼肉……150克
红椒……60克
香菜……8克
鸡蛋清……10毫升
蒜末……3克
姜片……5克
葱段……适量

调料

盐……3克
料酒……5毫升
水淀粉……5毫升
鸡粉……3克
白糖……3克
食用油……适量
淀粉……8克

扫一扫学烹饪

做法

1 鱼肉斜刀切成薄片，放入盐、料酒、鸡蛋清拌匀，腌渍，倒入淀粉拌匀。

2 红椒去籽，切成菱形片。

3 热锅注入适量的食用油烧至成四成热，倒入鱼片。

4 用筷子将鱼片搅开，防止粘连在一起，油炸至金黄色。

5 将鱼片捞出放入盘中待用。

6 热锅注油，倒入葱段、姜片、蒜末爆香，倒入红椒炒匀。

7 加入料酒、100毫升清水，撒上盐、鸡粉、白糖，充分拌匀至入味。

8 倒入鱼块，炒匀，加适量水淀粉收汁勾芡，盛入盘中，撒上香菜即可。

（配汤）**裙带菜鸭血汤**

材料 鸭血180克，圣女果40克，裙带菜50克，姜末、葱花各少许
调料 鸡粉2克，盐2克，胡椒粉少许，食用油适量

做法

①将洗净的圣女果切块；洗好的裙带菜切丝；洗净的鸭血切块，氽至断生后捞出。

②用油起锅，下入姜末，爆香，倒入圣女果、裙带菜丝，煮片刻，注入清水，加入鸡粉、盐，煮沸，倒入鸭血块、胡椒粉，煮熟，盛出后撒上葱花即可。

花样水产美味，让你鲜掉眉毛！

葱油鲤鱼&
菠菜鸡蛋干贝汤

 主菜 ## 葱油鲤鱼

烹饪时间
9分钟

难易度
★★☆

适用人数
2人

材料

鲤鱼……350克
花椒……3克
姜片……4克
葱丝……10克
干辣椒……10克
八角……适量

调料

盐……2克
蒸鱼豉油……适量
食用油……适量

做法

1 鲤鱼两面划上一字花刀待用。

2 热锅注油烧热，放入鲤鱼，煎出香味。

3 放入适量花椒，加入八角、姜片，倒入少许干辣椒，炒香。

4 注入适量清水，拌匀煮沸，加入盐，搅拌。

5 盖上盖，用大火焖5分钟至入味。

6 揭开盖，将鲤鱼盛出，装入盘中，撒上葱丝，浇上蒸鱼豉油。

7 放上剩余的干辣椒，倒入花椒。

8 热锅中倒入适量食用油，烧至八成热，将热油浇在鲤鱼身上即可。

（配汤）**菠菜鸡蛋干贝汤**

材料 牛奶200毫升，菠菜段150克，干贝10克，蛋清80毫升，姜片少许
调料 料酒8毫升，食用油适量

做法

①热锅中注入适量食用油，烧至五成热，放入姜片、干贝，爆香。

②倒入清水，加入少许料酒，盖上盖，煮约8分钟，倒入洗净切好的菠菜，煮至菠菜变软后，倒入牛奶，煮沸后倒入蛋清，续煮约2分钟，搅拌均匀，盛出装碗即可。

珊瑚鳜鱼&
青菜香菇魔芋汤

珊瑚鳜鱼

烹饪时间
10分钟

难易度
★★★

适用人数
2人

材料

鳜鱼……500克
蒜末……少许
葱花……少许

调料

番茄酱……15克
白醋……5毫升
白糖……2克
水淀粉……4毫升
淀粉……少许
食用油……少许

做法

1 处理干净的鳜鱼剁去头尾，去骨留肉，在鱼肉上打上麦穗花刀。

2 热锅注食用油，烧至六成热，将鱼肉两面沾上淀粉，放入油锅中，搅匀炸至金黄色，捞出，沥干油。

3 将鱼的头尾蘸上淀粉，也放入油锅炸成金黄色，食材捞出，沥干油后摆入盘中待用。

4 锅留油，爆香蒜末，倒入番茄酱、白醋、白糖、少许水淀粉，搅匀成酱汁，浇在鱼身上，撒上葱花即可。

配汤 **青菜香菇魔芋汤**

材料 魔芋手卷180克，上海青110克，香菇、去皮胡萝卜片、浓汤宝、姜片、葱花各少许

调料 盐2克，食用油适量

做法

①洗净的香菇切成十字花刀，洗净的上海青对半切开，洗好的去皮胡萝卜切片。
②魔芋手卷放入清水中浸泡片刻，捞出。
③起油锅，爆香姜片，倒入胡萝卜片、香菇，炒香，放入浓汤宝、清水、魔芋手卷、上海青，加入盐，煮入味，撒上葱花即可。

花样水产美味，让你鲜掉眉毛！

清蒸开屏鲈鱼&
莴笋猪血豆腐汤

主菜 清蒸开屏鲈鱼

烹饪时间
8分钟

难易度
★★★

适用人数
2人

材料

鲈鱼……500克
葱丝……少许
姜丝……少许
彩椒丝……少许

调料

盐……2克
鸡粉……2克
料酒……8毫升
胡椒粉……少许
蒸鱼豉油……少许
食用油……适量

做法

1 将处理好的鲈鱼切去背鳍、鱼头，鱼背部切一字刀，切相连的块状。

2 把鲈鱼装入碗中，放入适量盐、鸡粉、胡椒粉，淋入少许料酒，抓匀，腌渍。

3 把腌渍好的鲈鱼放入盘中，摆放成孔雀开屏的造型，放入烧开的蒸锅中，盖上盖，用大火蒸7分钟。

4 揭开盖，把蒸好的鲈鱼取出，撒上姜丝、葱丝，再放上彩椒丝，浇上少许热油，最后加入蒸鱼豉油即可。

配汤 莴笋猪血豆腐汤

材料 莴笋100克，胡萝卜90克，猪血150克，豆腐200克，姜片、葱花各少许
调料 盐2克，鸡粉3克，芝麻油2毫升，食用油适量

做法

①洗净去皮的胡萝卜切片，洗净去皮的莴笋切片，洗好的豆腐切块，洗净的猪血切块。
②起油锅，爆香姜片，倒入清水烧开，加入盐、鸡粉、莴笋、胡萝卜、豆腐块、猪血。
③用中火煮2分钟，加入少许鸡粉，淋入适量芝麻油，拌入味，撒上葱花即可。

花样水产美味，让你鲜掉眉毛！

干烧小黄鱼&
苦瓜银耳汤

主菜 干烧小黄鱼

烹饪时间 10分钟	难易度 ★★★	适用人数 2人

材料

小黄花鱼…500克　榨菜…10克
五花肉…150克　豆瓣酱…适量
玉兰片…25克　葱末…适量
香菇…25克　姜末…适量
青椒…25克　蒜末…适量

调料

盐…适量
白糖…适量
料酒…适量
酱油…适量
醋…适量
清汤…适量
食用油…适量

做法

1 小黄花鱼刮鳞、去腮、去内脏，洗净；五花肉洗净，切丁；香菇、玉兰片、榨菜、青椒均洗净，切丁。

2 锅内注油烧八成热，放黄花鱼煎至两面金黄，盛出。

3 锅内留底油烧热，爆香葱姜蒜，放入豆瓣酱，炒出红油，放入五花肉、玉兰片、香菇、榨菜煸炒。

4 放入小黄鱼、料酒、醋，焖片刻，放入清汤、酱油、白糖、盐、青椒，煮至熟，盛盘即可食用。

配汤 苦瓜银耳汤

材料	苦瓜200克，水发银耳150克，葱花少许
调料	盐、鸡粉各2克，食用油适量

做法

①将洗净的苦瓜去瓤，切成片；洗好的银耳切去根部，再切成小朵。

②锅中注水烧开，放入银耳，煮1分钟捞出。

③用油起锅，放入苦瓜片，炒匀，注入清水，煮1分钟，倒入银耳，加入盐、鸡粉，煮约3分钟，盛出，撒上葱花即成。

杏仁西芹炒虾仁&
猪血蘑菇汤

主菜 **杏仁西芹炒虾仁**

烹饪时间	难易度	适用人数
6分钟	★★☆	2人

材料

杏仁……50克
西芹……300克
虾仁……90克
葱段……10克
姜末……3克

调料

盐……3克
鸡粉……2克
料酒……3毫升
水淀粉……4毫升
食用油……10毫升

做法

1 将洗净的西芹对半切开，再切段。把虾仁装碗中，加入适量料酒、盐，淋少许水淀粉，拌匀，腌渍。

2 锅中注水烧开，分别倒入洗净的杏仁，焯煮约1分钟，去除苦味，捞出，沥干水分。

3 起油锅，倒入备好的葱段、姜末，爆香，放入虾仁，炒匀炒香，淋入少许料酒，炒至虾身弯曲，放入西芹段。

4 倒入杏仁炒香，加入少许盐、鸡粉，炒匀调味，最后用水淀粉勾芡，至食材入味，盛出炒好的菜肴即成。

配汤 **猪血蘑菇汤**

材料
调料
猪血150克，豆腐155克，白菜叶、水发榛蘑、高汤、姜片、葱花各少许
盐、鸡粉各2克，胡椒粉3克，食用油适量

做法

①洗净的豆腐切块，处理好的猪血切块。

②用油起锅，倒入姜片，爆香，放入洗净的榛蘑，炒匀。

③倒入高汤、豆腐块、猪血，加入盐，拌匀。

④放入白菜叶，加入鸡粉、胡椒粉，搅拌约2分钟至入味，盛出，撒上葱花即可。

香菇鲜虾盏&
皮蛋鸡米羹

主菜 香菇鲜虾盏

烹饪时间 10分钟

难易度 ★★★

适用人数 2人

材料

鲜香菇……100克
青椒……20克
基围虾……220克

调料

盐……5克
糖……3克
胡椒粉……3克
水淀粉……适量
食用油……适量

做法

1 洗净的香菇去蒂，待用。基围虾去头，剥壳，片开去虾线，放入碗中，放入盐、胡椒粉、食用油，腌渍。

2 洗净的青椒切成圈，待用。热锅注水煮沸，放入盐，搅拌均匀，放入香菇，焯水，煮2分钟，捞起，待用。

3 将虾放入香菇中，在盘中码放整齐，将盘子放入电蒸锅中，蒸6分钟。

4 热锅注水烧开，放入盐、糖、青椒，拌匀，注入适量水淀粉、食用油，拌匀，浇上蒸好的香菇上即可。

 配汤 皮蛋鸡米羹

材料 鸡胸肉130克，皮蛋1个，高汤800毫升，蛋清、葱花、姜末各少许
调料 盐1克，芝麻油少许，料酒适量

做法

①皮蛋去壳切粒；鸡胸肉切丁，锅中注水烧开，倒入鸡胸肉，加入料酒，略煮捞出。

②另起锅，倒入高汤烧开，放入鸡胸肉、姜末，拌匀，煮1分钟，放入皮蛋，加入盐，拌匀，煮1分钟，倒入蛋清，搅匀，撒上葱花，淋入芝麻油，煮入味即可。

花样水产美味，让你鲜掉眉毛！

粉丝烧鲜虾&
蛋花花生汤

主菜 **粉丝烧鲜虾**

烹饪时间 10分钟	难易度 ★☆☆	适用人数 1人

材料

鲜明虾……300克
粉丝……适量
葱……适量
姜……适量
蒜……适量

调料

香辣酱……2克
盐……2克
糖……1克
水淀粉……适量
高汤……适量
芝麻油……适量
食用油……适量

做法

1 将明虾去虾线，洗净；姜、蒜、葱分别切末。

2 明虾放入热食用油锅内略炸，捞出；粉丝用热水泡发至软。

3 锅注食用油烧热，下香辣酱、葱末、姜末，高汤，入粉丝、盐、糖，烧入味，捞起装盘。

4 炸好的虾肉放入煮粉丝的原汁内烧透，用水淀粉勾芡，起锅，码在粉丝上，淋入芝麻油即可。

配汤 **蛋花花生汤**

材料 鸡蛋1个，花生50克
调料 盐3克

做法

①取一碗，打入鸡蛋，搅散，制成蛋液。

②锅中注入适量清水烧热，倒入花生，大火煮开后转小火煮5分钟至熟。

③加入盐，再煮片刻至入味，倒入蛋液，略煮至形成蛋花，拌匀盛出即可。

花样水产美味，让你鲜掉眉毛！

煎酿鱿鱼筒&
香菇腐竹豆腐汤

 主菜 ## 煎酿鱿鱼筒

烹饪时间10分钟	难易度★★☆	适用人数2人

材料	调料
鱿鱼……100克	盐……3克
熟糯米……150克	鸡粉……2克
香菇……25克	生抽……5毫升
虾米……5克	白胡椒粉……2克
葱花……2克	食用油……适量
姜片……3克	
蒜末……5克	

做法

1 洗净的香菇去柄，切条，改切成碎。

2 处理好的鱿鱼放入备好的盘中，铺上蒜末、撒上白胡椒粉，抹匀腌渍。

3 热锅注油烧热，倒入虾米炒香，倒入香菇炒出香味，盛入碗中。

4 往备好的碗中倒入糯米饭，炒好的香菇、虾米，加入盐，充分拌匀，制成馅料。

5 将制作好的馅料放入鱿鱼中待用。

6 另起锅注油烧热，爆香姜片，加入生抽、150毫升清水，放入鱿鱼筒，煮5分钟。

7 揭盖，加入盐、鸡粉，拌匀。

8 将煮好的鱿鱼捞出，撒上葱花，划上几刀即可。

(配汤) 香菇腐竹豆腐汤

材料 香菇块80克，腐竹段100克，豆腐块150克，葱花少许
调料 料酒8毫升，盐、鸡粉、胡椒粉各2克，食用油、芝麻油各适量

做法

①锅中注入食用油烧热，倒入香菇块、腐竹段，炒匀，淋入少许料酒，炒匀。

②向锅中加入适量清水，煮约3分钟。

③倒入切好的豆腐，续煮约2分钟，加入盐、鸡粉，淋入少许芝麻油，加入适量胡椒粉，拌匀盛出，撒上葱花即可。

花样水产美味，让你鲜掉眉毛！

墨鱼炒西芹&
豆腐味噌汤

 主菜 墨鱼炒西芹

烹饪时间　难易度　适用人数
10分钟　★★☆　2人

材料	调料
墨鱼……300克	盐……2克
西芹……150克	鸡粉……2克
红椒……60克	白胡椒粉……适量
姜末……少许	芝麻油……适量
	食用油……适量

扫一扫学烹饪

142

做法

1 择洗好的西芹切斜块，洗净的红椒切斜块。

2 墨鱼打上花刀，切成小块。

3 锅中注入适量清水，大火烧开，倒入西芹、红椒，搅匀，淋入食用油，搅拌匀。

4 将食材捞出沥干，待用。

5 注水烧开，倒入墨鱼，汆煮至起花，将墨鱼花捞出，沥干水分，待用。

6 热锅注油烧热，倒入姜末、墨鱼，炒匀，倒入西芹、红椒，快速翻炒片刻。

7 加入盐、鸡粉、白胡椒粉，翻炒调味。

8 淋入芝麻油，翻炒至熟，关火，将炒好的菜盛出装入盘中即可。

（配汤）**豆腐味噌汤**

材料 豆腐50克，大葱20克，海带40克，高汤、葱花各适量

调料 白味噌1大勺

做法

①豆腐切成小块，大葱斜刀切片。

②高汤倒入锅中煮开，倒入豆腐与泡发好的海带。

③放入大葱，搅拌匀，加入白味噌，搅匀搅散，将食材煮熟。

④盛入碗中，撒上葱花即可。

花样水产美味，让你鲜掉眉毛！

海蜇皮炒豆苗&
马齿苋蒜头皮蛋汤

 主菜　**海蜇皮炒豆苗**

烹饪时间
8分钟

难易度
★☆☆

适用人数
2人

材料

豆苗……300克
胡萝卜……100克
香菜……100克
葱……适量
泡发海蜇皮丝……150克

调料

盐……2克
料酒……适量
食用油……适量

144

做法

1 将香菜洗净切断，葱切葱花。

2 将泡发海蜇皮丝入开水锅内淖烫，捞出沥干。

3 将豆苗择洗净，将胡萝卜洗净切丝。

4 炒锅注入食用油烧热，爆香葱花，加入豆苗翻炒。

5 加入胡萝卜丝翻炒。

6 放入海蜇皮丝翻炒。

7 撒入香菜段，炒至海蜇皮丝熟软。

8 加入料酒、盐调味，炒匀出锅即可。

配汤 马齿苋蒜头皮蛋汤

材料 马齿苋300克，皮蛋100克，蒜头、姜片各少许
调料 盐2克，芝麻油3毫升，食用油少许

做法

①去皮的蒜头用刀背拍扁，摘洗好的马齿苋切成段，皮蛋去壳切瓣。

②热锅注入食用油烧热，放入姜片、蒜头，爆香，注入清水，盖上盖，大火煮开。

③掀开锅盖，倒入皮蛋、马齿苋。

④加入少许盐、芝麻油，搅匀调味即可。

花样水产美味，让你鲜掉眉毛！

清炒蛤蜊&
牛油果芹菜火腿番茄汤

 主菜　清炒蛤蜊

烹饪时间
8分钟

难易度
★☆☆

适用人数
2人

材料

蛤蜊……500克
姜丝……20克
葱段……10克

调料

盐……3克
生抽……8毫升
老抽……4毫升
料酒……适量
鸡粉……适量
水淀粉……适量
食用油……适量

扫一扫学烹饪

做法

1 锅中倒入适量清水，大火烧开，倒入蛤蜊。

2 煮约2分钟至蛤蜊壳打开，把蛤蜊捞出。

3 将蛤蜊装入碗中，用清水将蛤蜊洗净，掰开。

4 用油起锅，倒入姜丝，爆香。

5 倒入处理好的蛤蜊炒匀，淋入少许料酒。

6 加入盐、鸡粉，倒入少量生抽、老抽，炒匀调味，稍煮片刻。

7 倒入水淀粉勾芡，将锅中材料翻炒至入味。

8 加入葱段炒匀，盛出装盘即可。

（配汤）**牛油果芹菜火腿番茄汤**

材料 牛油果40克，金华火腿20克，芹菜30克，番茄汁120毫升

做法

①对切好的牛油果去核，去皮，切块；择洗好的芹菜切成小段；火腿对半切开，叠起来再对切。

②备好碗，放入番茄汁、牛油果、芹菜、火腿，注入适量清水，拌匀，用保鲜膜封住碗口，放入微波炉，加热3分钟即可。

豉汁扇贝 &
菌菇豆腐汤

豉汁扇贝

烹饪时间
7分钟

难易度
★☆☆

适用人数
2人

材料

扇贝……500克
豆豉……20克
香菜……适量
蒜……适量

调料

酱油……3毫升
蚝油……2克
水淀粉……适量
芝麻油……适量
食用油……适量

做法

1 将扇贝用刀撬开两半，去掉半边壳，洗净沥干。

2 扇贝放入开水锅中煮熟，捞出摆放盘中。香菜洗净，切末；蒜洗净，切末。

3 炒锅注入食用油烧热，下蒜泥、豆豉炒香，放入蚝油、酱油，加入少许清水烧开。

4 用水淀粉勾芡，淋入芝麻油，撒上香菜末成豉汁，将豉汁均匀地浇在扇贝肉上即成。

配汤 菌菇豆腐汤

材料 白玉菇75克，水发黑木耳55克，鲜香菇、豆腐、鸡蛋液、葱花各少许
调料 盐、胡椒粉各3克，鸡粉2克，食用油、芝麻油各少许

做法

①白玉菇切段，香菇、豆腐、黑木耳切块，将香菇、白玉菇、木耳煮至断生捞出。
②锅中注水烧开，加入少许盐、鸡粉、食用油、焯过水的材料、豆腐块，煮2分钟。加入胡椒粉、蛋液、少许芝麻油，搅拌匀，装入碗，撒上葱花即可。

花样水产美味，让你鲜掉眉毛！

吉祥扒红蟹&
木耳丝瓜汤

 主菜 吉祥扒红蟹

烹饪时间
9分钟

难易度
★★☆

适用人数
1人

材料

花蟹……100克
青豆……40克
玉米粒……30克
蛋清……40克

调料

盐……2克
胡椒粉……2克
鸡粉……1克
食用油……适量

扫一扫学烹饪

做法

1 用油起锅，放入洗净的青豆、玉米粒，翻炒数下。

2 注入约250毫升清水。

3 放入处理干净的花蟹，搅匀。

4 加盖，用大火煮开后转小火焖5分钟至食材熟透。

5 揭盖，转大火，加入盐、鸡粉、胡椒粉，搅匀调味。

6 倒入蛋清。

7 煮至蛋清熟透变白。

8 关火后盛出菜肴，装碗即可。

配汤 ## 木耳丝瓜汤

材料 丝瓜150克，瘦肉片200克，水发木耳、玉米笋、胡萝卜片、姜片、葱花各少许
调料 盐3克，水淀粉2克，食用油适量

做法

①洗净的木耳、玉米笋切块；去皮洗净的丝瓜切段；去皮洗好的胡萝卜切片。

②瘦肉片加少许盐、水淀粉、食用油腌渍。沸水锅中加入食用油、姜片、木耳、丝瓜、胡萝卜、玉米笋，拌匀，放入适量盐，煮2分钟，倒入肉片，煮沸，撒葱花即可。